화학,

알아두면 사는 데 도움이 됩니다

화학,

알아두면 사는 데 도움이 됩니다

알아두면
시리즈

논케미컬, 실리콘프리, 無파라벤, MSG무첨가...
그럴싸한 공포 마케팅에 속지 않는
48가지 화학 상식

씨에지에양 지음 | 김락준 옮김 | 박동곤 감수

지식너머

'화학 물질 무첨가' 제품은
존재하지 않는다!

전 세계적으로 유명한 화학 학술지인 〈네이처 케미스트리
Nature Chemistry〉는 '화학 물질 무첨가'를 주제로 흥미로운 글을
발표한 적이 있다. 내용은 이렇다.

> 식품, 화장품 회사는 상품 광고에 '화학 물질 무첨가
> Chemical Free'라는 문구를 써서 소비자에게 마치 해당 상품
> 이 건강하고 자연 친화적이라는 잘못된 암시를 준다.
> 이에 본지는 화장품, 건강식품, 가정용 세제, 음식물 및

음료수를 포함한 모든 상품을 철저히 검사하고 분석한 뒤에 '화학 물질 무첨가'라는 문구를 정확하게 사용한 상품을 모두 공개하기로 했다.

아마 이 글을 읽는 독자는 지면에 상품 리스트가 길게 실렸을 것이고, 그중에서 마음에 드는 상품을 매장에서 사면 되겠구나, 하고 생각할 것이다. 하지만 안타깝게도 윗글의 다음 페이지는 텅 비어 있었다. 다시 말해서 지면에 이름을 올릴 만한 상품은 단 하나도 없었다. 〈네이처 케미스트리〉는 이 '실없는' 글을 통해서 세상에 이른바 '화학 물질 무첨가' 제품은 세상에 존재하지 않음을 비꼬았다.

〈네이처 케미스트리〉의 글을 읽고 만감이 교차했다. 진실을 알리는 목소리가 점점 더 커지는구나! 대중을 기만하는 문구가 시장에서 버젓이 쓰이는 상황을 가만히 두고 보지 않는 사람들이 많아지는구나!

흥미롭게도 몇 년 전부터 소비 시장에 '무첨가' 바람이 불기 시작했다. 특히 건강식품과 미용 제품 중에는 브랜드명 위에 아예 '무첨가'라는 세 글자를 왕관처럼 씌우는 상품도 생겨났다. 생활용품 및 식품 안전 문제가 끊임없이 불거지자 제조사들이 '무첨가' 제품을 내놓고 소비자들의 신뢰를 얻기 위해서 나선 것이다. 그렇다면 '무첨가'의 정의는 뭘까?

‘무첨가’는 아무것도 첨가하지 않았다는 뜻일까? 이 말의 유래는 일본의 화장품 관리부가 1960년에 제정한 ‘약사법’으로 거슬러 올라간다. 그 당시에 일본의 화장품 관리부는 방부제, 계면활성제, 유화제, 자외선 흡수제, 항산화제, 인공 색소, 인공 향료, 형광 표백제 등 102종의 화학 물질을 ‘발표 지정 성분’으로 지정했다. 동시에 원칙적으로 모든 제조사는 성분 심사를 한 뒤에 제품을 출시하게 했다.

일본의 제조사들은 102종의 발표 지정 성분을 사용하면 반드시 포장지에 해당 성분을 표기해야 했는데, 해당 성분이 없을 땐 간략하게 ‘무첨가’라고 표기했다. 따라서 과거 ‘무첨가’는 일본 법규가 정한 102종의 발표 지정 성분이 일절 첨가되지 않은 것을 의미했다.

과거의 일본이라? 그렇다. 어디까지나 과거 일본의 이야기이다. 2001년 4월부터 일본은 전성분 표시제를 시행했다. 간단하게 설명해서 현재 일본에는 근본적으로 ‘무첨가’ 제품이 존재하지 않는다.

따라서 최근에는 제조사들이 광고하는 ‘무첨가’라는 표현은 명확한 기준도 없거니와 관련 기관의 점검도 제대로 이루어지지 않는 상황에서 제멋대로 사용되는 것이다.

또한 제조사들은 일본의 화장품 관리부가 오십여 년 전에 지정한 ‘무첨가’ 기준을 ‘준수’하는 것처럼 행세하지만, 관련 규정을 아예 들여다보지도 않은 것이 확실하다. 애초에 ‘무첨가’라는 표현을 쓸 수 없는 성분이 전성분표에 버젓이 나열돼 있으니 말이다.

따라서 화장품이건 식품이건 기타 생활용품이건 이제 '무첨가'는 마케팅 용어로 보는 것이 적절하다. 이 세 글자를 보면 반드시 눈을 크게 뜨고 무엇을 첨가하지 않았는지 곰곰이 생각해야 한다.

시중에서 흔히 접할 수 있는 몇 가지 광고 문구가 있다. 이것이 타당한 표현인지 한번 알아보자.

색소, 향료 무첨가

이것은 가능하다.

방부제 무첨가

참 흥미로운 표현이다. 많은 제조사는 마치 말장난을 하듯 방부제의 명칭을 다른 이름으로 교묘하게 바꾸어 표기한다. 제품에 방부제를 첨가하지 않으려면 무균 충전 및 무균 포장을 하는 수밖에 없다. 이것 외에 다른 방법은 없다. 개봉한 제품을 방부제 없이 안전하게 보관하려면 내용물이 역류하지 않고 공기가 용기에 들어가지 않게 다시 완벽하게 밀봉할 수 있어야 한다. 현재 일부 제조사가 이 방법을 사용하지만 그 수는 극히 적다.

인체 유해 물질 무첨가

웃기는 소리이다. 물이나 소금도 많이 섭취하면 중독되

는데 인체에 해로운 물질이 없다는 것을 어떻게 보장할 것인가?

인공 화학 물질 무첨가

전혀 가공하지 않은 자연 상태 또는 비료나 살충제를 일절 사용하지 않은 농산품이 아닌 이상 제품에 인공 화학 물질을 첨가하지 않는 것은 불가능하다.

현명한 소비자가 되려면 '무첨가'라는 문구를 봤을 때 가장 먼저 어떤 성분을 첨가하지 않았는지 질문하고 생각하는 습관을 지녀야 한다.

화학 물질이 일절 첨가되지 않았구나, 하고 무턱대고 믿으면 안 된다. 제품 광고에서 '무첨가'라는 글씨는 대문짝만하게 표기해 놓고 그 의미는 구석에 깨알처럼 작게 적어 놓아서 논란이 된 경우가 어디 한두 번인가.

흥미로운 점은 소비자가 이른바 '무첨가' 제품을 구매할 때 예컨대 화장품, 식품, 생활용품을 구매할 때 제품에 '무첨가'라는 광고 문구만 있고 정작 전성분표는 없어서 어떤 화학 물질이 첨가되었고, 어떤 화학 물질이 첨가되지 않았는지 알 방법이 없는 것이다. 가끔은 첨가하지 않았다고 광고한 화학 물질이 전성분표에는 떡하니 적혀 있어서 깜짝 놀랄 때도 있다.

알면 두렵지 않다. 방부제로 예를 들면 방부제는 필요

악이다. 세균이 득실득실한 제품은 결코 방부제가 들어 있는 제품보다 안전하지 않다. 석유 화학 원료도 마찬가지이다. 하지만 화학 지식이 부족한 사람들은 지레 겁을 먹고 "사람 몸에 사용하는 제품에 화학 물질을 넣으면 어떡해!"라고 말한다.

음식, 음료수, 디저트에는 각각 염화나트륨, 에틸알코올, 'β-D-fructofuranosyl-$(2 \rightarrow 1)$-α-D-glucopyranoside'가 함유돼 있다. 명칭만 보면 두려워서 감히 먹을 엄두가 안 나지만 사실 이들 물질은 소금, 주정, 설탕이다!

따라서 맹목적으로 '무첨가'나 '천연 유기농'을 추구하면 안 되고, 전성분이 명확하게 표기되어 안정성을 판단할 수 있는 제품을 골라야 한다.

이 책을 화학 물질이 첨가된 제품을 구매해야 하는 모든 이에게 바친다. 옛말에 아는 것이 힘이라고 했다. 아는 것이 많으면 그럴싸한 공포 마케팅에 더는 속지 않을 수 있다.

Contents

Part 2. 세안과 목욕에 관한 화학 상식

Part 3. 미용에 관한 화학 상식

Part 4. 청소에 관한 화학 상식

Part 1.

밥상에 관한 화학 상식

1

채소의
잔류 농약을
깨끗이
제거하려면

최근 몇 년 동안 식품 안전 관련 주제가 뉴스에 자주 오르 내리자 가족의 건강을 지키기 위해서 혼신의 노력을 다하는 주부들의 수고도 덩달아 커졌다. 소스나 요구르트, 치즈 등도 직접 만들어 먹어야 안심하고 먹을 수 있는 시대가 된 것이다.

"이런 것조차 만들어 먹어야 한다면 번거로워서 어떻게 살아요!"

워워, 엄마표 소스 만들기와 같은 솜씨에 관한 이야기는 잠시 접어두고 먼저 가장 쉬운 채소나 과일 씻기에 관한 이야기부터 시작해 보자.

채소를 씻는 일은 큰 기술이 필요하지 않다. 하지만 무엇으로 어떻게 닦아야 잔류 농약을 깨끗하게 제거할 수 있을까? 마트에서 판매하는 전용 세척제나 오존 살균 세척기를 써야 할까? 인터넷에서 유행하는 쌀뜨물을 이용해서 씻어야 할까? 아마 많은 주부가 이 문제로 고민했을 것이다. 먼저 농약에 대해서 공부하고 그 뒤에 채소 씻기 '신공'에 대해서 차근차근 알아보자.

농약의 종류는?

예전에 많은 사람이 농사를 짓고 살았을 때 누가 농약을 마시고 자살했다는 소식이 신문에 심심찮게 실려서인지 일단 농약이라고 하면 치명적이라는 인상이 강하다. 왠지 손에 묻으면 곧바로 폭 고꾸라질 것 같은 공포심마저 든다.

농약은 크게 '접촉성'과 '침투성'으로 나뉜다. 접촉성 농약은 병충해를 막기 위해서 채소나 과일의 표면에 직접 뿌리지만 시간이 지나면 햇볕에 자연적으로 분해되거나 빗물에 씻겨 나간다. 이에 비해 침투성 농약은 식물의 잎에 있는 기공이나 뿌리를 통해서 식물 내부에 흡수된다. 잔류 기간이 길어 식물이 지닌 자체 효소에 의해서 시간을 두고 천천히 분해된다.

어떤 채소와 과일을 골라야 잔류 농약이 없을까?

접촉성 농약과 침투성 농약 모두 자연 분해하려면 시간이 필요하다. 따라서 안전한 수확 시기를 먼저 이해해야 한다. 채소나 과일에 묻은 농약을 자연 분해시키기 위해선 농약을 뿌린 뒤에 바로 수확하면 안 되고 반드시 일정한 시간이 지난 뒤에 수확해야 한다. 이런 점에서 태풍이 오기 전에 서둘러 수확한 채소나 과일에는 농약이 남아 있을 가능성이 높다.

다음으로 제철에 나는 채소와 과일을 고른다. 모든 식물은 저마다 성장하기에 알맞은 시기가 있다. 기후 조건이 적당하면 농약을 많이 뿌리지 않아도 채소나 과일이 저절로 쑥쑥 자라지만, 제철에 재배하지 않으면 성장을 돕기 위해서 농약을 많이 뿌리는 수밖에 없다. 가장 좋은 방법은 소비자 스스로 제철에 나지 않는 과일은 귀해서 좋다는 생각을 버리는 것이다. 결국 이런 생각이 자신의 건강과 자연 환경을 해친다.

일부 채소나 과일, 예컨대 가지와 고추는 제철이 되면 농부가 허리 펼 새 없이 따야 할 정도로 주렁주렁 열린다. 그 때문에 안전 수확 시기를 지킬 수 없는 상황이 종종 발생한다. 전날 농약을 뿌렸어도 하룻밤 새에 익어버리면 안 딸 수가 있겠는가? 이 밖에 비싼 채소나 과일은 벌레가 조금만 파먹어도 손해를 봐서 농약을 많이 뿌릴 수 있으니 씻을 때 특별히 주의해야 한다.

사람들이 자주 이용하는 세척법

사실 잔류 농약 기준치 제정 및 잔류 시간 검사는 채소와 과일을 씻지 않은 채 잘게 부순 상태에서 이루어진다. 이 것은 곧 세척만 잘하면 잔류 농약을 크게 걱정하지 않아도 되는 것을 의미한다. 그러면 어떻게 씻어야 할까? 사람들 이 자주 쓰는 방법은 화학 상식에 맞을까?

쌀뜨물, 소금물

쌀뜨물은 전분질, 미네랄, 유기물이 함유돼 있어 화초 에 뿌려주면 좋지만 동시에 각종 먼지, 세균, 농약, 벌레 알 도 들어 있다. 과연 이런 물에 채소와 과일을 담가 놓으면 깨끗해질까? 이 때문에 나는 쌀뜨물 세척 방법을 추천하지 않는다. 소금물의 세척 효과도 크게 다르지 않은데, 외려 소금물에 오래 담가 놓으면 채소와 과일에 농약이 다시 흡 수될 수 있으므로 이 방법도 쓰지 않는 것이 좋다.

전용 세척제

사실 전용 세척제는 계면활성제라서 확실하게 농약을 제거한다. 하지만 자칫 채소와 과일의 표면에 계면활성제

가 남아 있을 수 있으므로 씻은 뒤에 다시 한 번 깨끗한 물
로 헹궈야 한다.

전용 오존 살균 세척기

오존 살균 세척기에 분해되지 않는 농약은 많다. 더구
나 오존은 활동성이 강해 다른 성분과 이상 반응을 일으켜
서 불필요한 위험을 초래할 수 있다.

어떻게 세척해야 할까?

그렇다면 채소와 과일을 어떻게 세척하는 것이 좋을까? 사
실 답은 간단하다. 그냥 깨끗한 물에 씻으면 된다! 먼저 깨
끗한 물에 5~10분 정도 담가 놓은 뒤에 부드러운 솔로 표
면을 살살 문지르고 깨끗한 물에 한 번 더 헹구면 끝이다.
이렇게 해도 충분하다.

농약은 높은 온도에 약하다. 특히 이파리 채소는 끓는
물에 살짝 데치면 잔류 농약이 거의 제거된다. 따라서 채소
는 되도록 생으로 먹지 않고 끓는 물에 데쳐 먹는 것이 안
전하며, 채소를 처음 데칠 때 사용한 물은 마시지 말고 버
려야 한다. 차를 마실 때 찻잎에 농약이 남아 있을까 봐 걱
정된다면 처음 내린 찻물은 따라 버리고 두 번째 내린 찻
물부터 마시자. 그렇게 하면 잔류 농약에 대한 걱정을 크게

덜 수 있다.

　채소나 과일에 뿌리는 농약은 대부분 접촉성 농약이다. 표면에만 묻고 내부에 흡수되지 않기 때문에 껍질을 벗기면 잔류 농약을 제거할 수 있다. 이제 채소와 과일의 잔류 농약을 물로 깨끗이 제거할 수 있다는 사실을 알았다. 더는 세척 방법을 놓고 고민하지 말고, 채소와 과일을 맛있게 먹고 건강해지자.

2	식용유를
	사용하기 전에
	반드시 알아야 할
	'발연점'

고온에서 기름으로 지지고 볶고 튀긴 요리는 향기가 코를 찌르고 식감이 독특해 당최 젓가락질을 멈추지 못하게 하는 매력이 있다.

하지만 이들 음식을 요리할 때 알맞은 기름을 사용하는 것은 매우 중요하다. 중국음식점에서 주방장이 웍에 불을 붙여 음식을 빠르게 볶는 모습을 볼 때, 요리 경연 프로그램에서 경연자가 연기를 자욱이 피우며 음식을 볶는 모습을 볼 때, 마트 판매원이 "주방에 뭐가 달리 필요하겠어요? 이 식용유 하나로 모든 음식을 다 만들 수 있어요!"라고 말할 때 나도 모르게 식은땀이 쭉 난다.

식용유를 용도에 맞게 쓰려면 어떻게 해야 할까?

발연점은 기름이 변질하기 시작하는 온도다!

식용유의 발연점은 매우 중요하다. 발연점은 뭘까? 달걀프라이를 만드는 과정을 생각해 보자. 달걀을 처음 깨트리면 반투명한 액체가 흐른다. 이 액체가 달궈진 프라이팬에 떨어지면 점점 하얗고 단단하게 변하며, 제때 뒤집지 않으면 새까맣게 탄다. 달걀프라이는 만들어지는 과정에서 불가역적인 화학 변화를 겪는다.

　기름을 가열하는 것도 마찬가지이다. 모든 기름은 발연점을 지나면 돌이킬 수 없는 상태로 변질한다! 중요한 것은 기름의 종류마다 발연점이 다르다는 점이다. 어느 것은 저온에서 가열해야 하고 어느 것은 고온에서 가열해야 한다. 이처럼 기름마다 적정 사용 온도가 다르기 때문에 한 종류의 기름을 만능처럼 사용하면 안 된다. 주방에서 자주 쓰는 조리법에 알맞은 적정 온도별 식용유를 알아보자.

50℃ 이하

　거의 모든 종류의 기름에서 연기가 나지 않는 온도다. 버터, 라드, 코코넛 오일 등 고체 상태라서 사용하기가 불편한 기름을 제외하고 이 온도에서는 모든 식용유를 쓸 수 있다.

100℃

물이 끓어서 식재료를 데칠 수 있는 온도이다. 정제되지 않은 해바라기유·홍화씨유·아마씨유·유채씨유(카놀라유) 및 소맥배아유, 우지(쇠기름)를 사용할 수 있다.

150~175℃

약한 불이나 중불로 요리할 때의 온도이다. 정제되지 않은 콩기름, 땅콩기름, 옥수수유, 엑스트라 버진 올리브유, 참기름, 버터, 코코넛 오일을 사용할 수 있다.

175~200℃

센 불에서 볶거나 지질 때 프라이팬 내의 온도는 높게는 200℃까지 오른다. 따라서 아몬드유, 동백유, 팜유 및 정제된 콩기름·땅콩기름·해바라기유·홍화씨유·올리브유·코코넛 오일 같은 발연점이 높고 고온에 강한 기름을 사용해야 한다.

이 밖에 두 가지 주의할 점이 있다. 첫째, 온도가 높을수록 기름의 산화 속도는 빨라진다. 200℃ 이상에서 요리하면 기름이 매우 빠르게 산화되므로 이 이상의 온도에서 요리하는 것을 권장하지 않는다. 그렇지 않으면 식재료의 영양분이 파괴되고 자칫 발연점을 지나 기름이 변질될 수 있다.

둘째, 불포화지방산이 많은 기름일수록 열에 약하다. 하지만 시중에서 판매하는 많은 정제 오일은 열에도 강하고 다양한 불포화지방산이 함유돼 있다고 광고한다. 어떻게 이것이 가능할까?

이른바 '정제'는 불포화지방산이 포화지방산으로 바뀌었다는 의미이다. 해바라기유로 예를 들면 천연 해바라기유는 불포화지방산 함량이 높아 고온에서 조리하는 요리에 적합하지 않지만, 정제 과정을 거치면 고온에서 사용할 수 있다. 단, 불포화지방산의 함량도 동시에 낮아진다.

건강을 생각하면 불포화지방산의 함량이 높은 기름을 구매해야 한다. 하지만 고온에서 지지고 튀기는 용도로 사용할 것이면 정제되지 않은 기름이 아니라 애초부터 고온 조리용으로 출시된 포화지방산 함량이 높은 기름을 구매하는 것이 낫다.

이 밖에 정제 과정을 거치면 불포화지방산의 비율이 낮아지는 동시에 많은 영양분도 소실된다. 시중에서 혼합유를 판매할 때 영양과 용도를 동시에 만족시킬 수 있다고 강조하는 것은 정제 과정이나 수소화 처리를 거쳤기 때문이다. 그러나 어떤 기름이건 정제 과정을 거치면 기존의 영양분은 반드시 소실된다.

따라서 풍부한 천연 영양소를 섭취하기 위해서 올리브

유를 사용하는 것이라면 그냥 순수한 올리브유를 사용하는 것을 권장한다. 단, 순수한 올리브유는 고온에서 사용하면 안 된다. 마트에서 혼합유를 집어 들었을 때 '올리브유 50% 함유'라는 문구를 보면 은근히 마음이 놓인다. 가격까지 '착하니' 기분도 좋다. 하지만 나머지 50%가 어떤 오일로 채워졌을지 생각해 봤는가? 과연 소비자가 원하는 오일일까?

잘 보관하면 변질의 위험성을 낮출 수 있다

사실 식용유를 보관하는 방법은 간단하다. 생물에게 생명의 요소인 햇볕, 물, 공기 이 세 개만 기억하면 된다.

직사광선을 피한다

햇볕은 광산화(빛을 받아서 일어나는 산화 – 옮긴이) 반응을 일으켜 식용유의 영양분을 낮춘다. 따라서 어두운 색깔의 병에 담긴 식용유를 사용해야 한다.

물이 들어가지 않게 주의한다

수분은 음식물을 변질시키는 주요 원인이다. 햇볕에서 바싹 건조시키면 생선과 육류도 오랫동안 보관할 수 있는데, 식용유도 예외는 아니다. 식용유에 수분이 들어가면 분해가 일어나고 산화 반응이 촉진된다. 따라서 식용유는 습한 곳에서 보관하면 안 된다. 이 밖에 조리할 때 기름이 튀거나 변질되는 것을 막으려면 물기를 말리고 요리해야 한다.

공기에 노출되지 않게 주의한다

어떤 음식물이건 공기 중에 노출되면 산화가 일어난다. 입구가 좁은 유리병에 담긴 식용유를 사용하면 공기가 잘 통하지 않아서 외부 공기가 식용유에 영향을 미치는 것을 효과적으로 방지할 수 있다.

마지막으로 기름에 지지고 볶은 음식은 비록 입을 즐겁게 하지만 건강에 나쁘다는 점을 말하고 싶다. 기름을 고온에서 조리하면 활성 산소가 생긴다. 고온에서 잘 견디는 기름도 재사용하면, 예컨대 반복해서 치킨을 튀겨내면 변질되고 심하게는 암을 유발하는 물질을 만들어낸다. 따라서 기름을 재사용하는 것은 반드시 자제해야 한다. 모두가 용도에 맞는 식용유를 잘 선택해서 건강하게 사용하길 바란다.

3

MSG는
정말
건강을
해칠까?

"사장님, 화학조미료^{MSG}는 빼주세요."

요즘 음식점에 가면 이 말을 유행어처럼 들을 수 있다.

화학조미료라고 하면 일부 사람들은 공통적으로 '건강
에 나쁘다', '먹고 난 뒤에 갈증이 난다', '중국음식점 증후
군^{Chinese-restaurant syndrome, CRS}' 등을 떠올린다.

화학조미료는 뭘까? 정말로 사람들이 생각하는 것처럼
그렇게 위험할까? 아마 이 글을 읽고 사실 관계를 이해하
면 적어도 화학조미료의 '결백함'을 믿게 되고 화학조미료
에 대한 고정관념이 바뀔 것이다.

화학조미료는 뭘까?

화학조미료의 학명은 글루탐산모노나트륨^{monosodium glutamate,} ^{MSG}으로, 아미노산 계열 나트륨의 일종이다. 인류가 화학조미료를 발견하게 된 것은 다시마와 가쓰오부시를 넣고 푹 끓인 물에서 기존에 아는 달고 짜고 시고 쓴 맛과 다른 '신선한 맛'이 났기 때문이다.

일본 과학자들은 연구 끝에 이 물에서 화학조미료의 원료인 글루탐산을 추출했고, 글루탐산염 중에서 안정성과 용해도가 가장 뛰어난 글루탐산모노나트륨은 그 자체로 화학조미료가 되었다. 기원을 따지고 보면 화학조미료는 천연 식재료에서 '발굴'한 조미료이다.

다시마, 양파, 토마토를 넣고 끓인 물에서 신선한 맛이 나는 이유는 이들 재료에 글루탐산이 들어 있어서이다. 하지만 필요할 때마다 따로 끓이면 시간과 비용이 많이 들지 않는가? 이 때문에 인공 발효된 화학조미료는 음식의 신선한 맛을 끌어올리는 조미료로 널리 쓰이게 되었다.

닭고기 분말, 생선 분말 등은 화학조미료가 아니다?

많은 사람이 화학조미료를 화학 첨가물 덩어리라고 생각해서일까? 요즘은 화학조미료 대신에 각종 스톡과 닭고기

분말을 쓰는 것이 더 인기다.

하지만 전성분표를 자세히 들여다보면 천연 조미료라고 생각했던 이 조미료가 생각보다 천연적이지 않고 글루탐산모노나트륨과 뉴클레오티드로 만든 화학조미료인 것을 발견할 수 있다.

따라서 음식에 닭고기 분말을 넣는 것이 건강에 더 좋으리라 기대하고 주방에서 소금과 화학조미료를 치울 필요는 없다. 사실 닭고기 분말이 곧 소금이요, 화학조미료이다!

화학조미료는 인체에 해롭다?

화학조미료가 건강에 나쁘다는 인식이 생긴 것은 갈증과 중국음식점 증후군 때문이다. 최근 연구 결과에 따르면 대부분의 사람은 신진대사를 통해서 글루탐산을 소화·흡수·배출시킬 수 있고, 중국음식점 증후군과 화학조미료는 서로 직접적인 관계가 없는 것으로 밝혀졌다.

화학조미료는 나트륨이지만 소금처럼 짠맛이 나지 않는다. 그럼에도 갈증이 생기는 까닭은 중국음식점에서 신선한 맛을 내기 위해서 쓰는 화학조미료가 혈액 내 나트륨 농도를 높게 하기 때문이다.

정리하면 중국음식점 증후군은 사실이 아니며 갈증은 화학조미료의 용량과 관계있는 것으로 밝혀졌다. 어쨌든 간에 두 증상이 일어나는 것은 화학조미료 자체의 잘못이 아니다.

"그럼 화학조미료는 인체에 해로운 것이 아니네요?"

만약에 이렇게 묻는다면 난 "세상에 100% 해롭지 않은 것은 없어요. 무엇이든 많이 먹으면 건강에 나빠요"라고 대답할 수밖에 없다.

글루탐산모노나트륨은 인공 발효를 통해서 만들어지지만 어쨌든 천연 식재료에 존재하는 성분이다. 열량 섭취를 낮추기 위해서 아스파탐(인공 감미료)이 첨가된 음료수를 마시는 사람이 건강에 나쁘다는 이유로 화학조미료 섭취를 꺼리는 것은 앞뒤가 맞지 않는 행동이다. 화학조미료가 아스파탐보다 절대적으로 안전하니 말이다.

주의할 점은 화학조미료를 먹느냐 마느냐가 아니라 나트륨을 얼마나 섭취하느냐이다. 소금(염화나트륨)과 화학조미료(글루탐산모노나트륨)는 나트륨이 들어 있어서 많은 양을 섭취하면 목이 마르는 것은 기본이고 신장에도 문제가 생길 수 있다. 따라서 과식하지 않고 짜게 먹지 않는 것이 건강에 절대적으로 좋다.

화학조미료는 용량만 주의하면 기본적으로 안전하다. 외려 걱정해야 하는 것은 많은 가공식품에 첨가된 인공 감미료이다. 인공 감미료는 천연 식재료에 존재하지 않는 100% 화학 성분으로 만든 조미료이다. 사소한 문제를 걱정하느라 큰 문제를 놓치는 우를 범하지 말자.

4 　　　　　프라이팬은
　　　　　　어떤 기준으로
　　　　　　골라야
　　　　　　할까?

어느 날 독자에게 프라이팬에 관한 질문을 받았다.

"프라이팬을 새로 장만하려고 합니다. 지난 몇 년 동안 코팅 프라이팬을 사용했는데 마트 판매원이 요새 누가 건강에 안 좋은 코팅 프라이팬을 사용하느냐고 말하더군요. 정말 코팅 프라이팬이 건강에 나쁜가요? 어떤 프라이팬을 사용하는 것이 좋을까요?"

채소와 과일 씻기, 식용유의 발연점, 화학조미료의 진실에 이어 이제는 좋은 프라이팬을 고르는 방법을 이야기하는 단계까지 도달했다! 코팅 프라이팬을 써도 괜찮을까? 좋은 프라이팬을 선택하는 방법은 뭘까? 늘 하는 말이지만 기본적인 것부터 찬찬히 알아보자.

코팅 프라이팬(테플론 가공 프라이팬)

생선을 구울 때 가장 끔찍한 일은 생선이 프라이팬 바닥에 눌어붙는 것이다. 그 때문에 일반 가정에서는 코팅 프라이팬을 가장 많이 이용한다. 코팅 프라이팬은 왜 음식이 눌어붙지 않을까? 프라이팬 내부에 플라스틱의 왕이라고 불리는 폴리테트라플루오로에틸렌polytetrafluoroethylene, PTFE 층이 있어서이다. 상표명은 Teflon®(테플론). 왠지 눈에 익지 않은가?

미리 겁을 먹지는 말자. 테플론은 유독 물질이 아니다. 하지만 사람들에게 테플론은 암을 유발하는 물질이라는 인상이 있다. 왜일까? 미국 환경보호국은 2004년 7월에 테플론 가공 프라이팬을 생산하는 듀폰사를 고소했다. 테플론을 제조하는 과정에서 인체에 해로운 성분인 퍼플루오로옥타노익산PFOA을 사용한 사실을 고의적으로 숨겼기 때문이다. 하지만 그렇더라도 '테플론 = 독성 물질'이라고 생각하면 안 된다.

PTFE를 사용한 프라이팬을 통틀어 코팅 프라이팬이라고 부른다. PTFE는 인공적으로 합성한 고분자 재료이다. 산성과 알칼리성에 강하고 고온에서 잘 견디는 등의 특성이 있어 프라이팬의 이상적인 코팅제가 되었다.

"그러면 센 불에서 코팅 프라이팬으로 음식을 재빨리

볶으면 아무 문제가 없겠네요?"

그렇지 않다. 테플론은 300도 이상의 초고온에서 맥을 못 추고 327도가 넘어가면 분해되어 유독 물질을 방출한다. 그렇기 때문에 테플론은 센 불에서 빠르게 볶거나 국물이 없어질 때까지 약한 불에서 조리다가 나중에 식재료를 넣고 향을 내는 중국 요리 등에는 적합하지 않다.

사실 테플론 가공 프라이팬뿐 아니라 모든 코팅 프라이팬의 코팅은 언젠가 벗겨진다. 센 불에서 음식을 자주 볶아 먹는 가정은 무쇠 프라이팬처럼 재질이 단순하고 코팅이 되지 않은 프라이팬을 사용하는 것이 좋다.

무쇠 프라이팬

TV 프로그램에서 중식 셰프가 화려한 솜씨를 뽐낼 때 무쇠로 만든 가장 전통적인 웍을 쓰는 것을 발견했을 것이다. 무쇠 프라이팬은 예쁘지도 않고 한 손으로 들기에 버거울 정도로 무겁다. 하지만 열을 빠르게 전달하고 안전하며 오래 쓸 수 있다.

무쇠 프라이팬은 코팅할 필요가 없고 설령 사용하다가 깨져서 실수로 음식물과 함께 섭취해도 배 속에서 철분으로 흡수되어 피를 만든다! 이러한 이유로 중식 셰프들에게 가장 사랑받는 프라이팬이 되었다.

알루미늄 프라이팬

무쇠 프라이팬 외에 알루미늄 프라이팬도 주방에서 많이 쓴다. 알루미늄은 무쇠보다 밀도가 낮고 열전도율이 높다. 따라서 알루미늄 프라이팬은 무쇠 프라이팬보다 가볍고 열에너지를 절약할 수 있다. 이 밖에 알루미늄의 표면은 공기 중의 산소와 만나면 조직이 치밀한 산화알루미늄이 되어 안쪽의 알루미늄이 산화되는 것을 방지한다. 이 때문에 알루미늄 프라이팬은 무쇠 프라이팬보다 오래 쓸 수 있다.

하지만 알루미늄 및 산화알루미늄은 산성이나 알칼리성 물질을 만나면 모두 화학 반응을 일으킨다. 레몬 및 구연산(산성), 베이킹소다(알칼리성)는 물론이고 탕수육에 넣는 식초(산성)에도 화학 반응을 일으켜 알루미늄 이온을 방출한다. 정리하면, 알루미늄 프라이팬은 산성 식재료에도 약하고 알칼리성 식재료에도 약하다. 일상생활에서 알루미늄이 산성에 얼마나 약한지 알 수 있는 상황이 있는데, 쿠킹포일을 깔고 꽁치를 구울 때 맛을 내기 위해서 레몬즙을 몇 방울 뿌리면 레몬즙이 떨어진 부분의 쿠킹포일이 까맣게 변해 있는 것을 발견할 수 있다.

사실 산성이나 알칼리성 식재료만 넣지 않으면 알루미늄 프라이팬은 안전하다. 물을 끓이거나 밥을 짓거나 이파리 채소를 데쳐도 괜찮다. 하지만 산성이나 알칼리성 식재료를 넣고 장시간 푹 삶는 것은 피하는 것이 좋다. 이 밖에 가정에서 쓰는 알루미늄 프라이팬의 표면이 긁혔거나 누렇게 또는 거뭇하게 변색되었으면 그만 사용하는 것을 권장한다.

스테인리스 프라이팬

스테인리스 프라이팬도 주방에서 자주 쓰는 주방 도구이다. 이른바 '스테인리스'는 철과 니켈을 결합한 합금을 가리킨다. 알루미늄 프라이팬, 무쇠 프라이팬에 비해 스테인리스 프라이팬은 확실히 녹이 잘 슬지 않는다.

"녹이 잘 슬지 않는다고요?"

그렇다. 스테인리스 프라이팬이라고 해서 완전히 녹이 슬지 않는 것은 아니다. 사실 스테인리스의 녹 방지 원리는 알루미늄처럼 표면을 조밀한 산화층(산화 크롬막)으로 코팅하는 것이다. 이러한 이유로 표면이 긁히거나 오래 사용해서 산화 크롬막이 훼손되면 스테인리스 프라이팬에 녹이 슬고 금속 이온이 방출된다.

어떻게 안전하고 좋은 프라이팬을 선택할까?

가장 좋은 방법은 자신의 요리 습관에 맞는 제품을 선택하는 것이다. 코팅 프라이팬은 무게가 가볍고 요리할 때 기름을 적게 사용할 수 있다. 하지만 고온에서 코팅이 잘 벗겨지기 때문에 센 불에서 볶는 음식을 요리하기에 적합하지 않고 표면이 긁힐 수 있는 금속성 주방 도구도 사용하면 안 된다.

무쇠 프라이팬은 상대적으로 무겁지만, 음식을 센 불에서 볶을 때 이보다 더 좋은 프라이팬은 없다. 알루미늄 프라이팬은 산성이나 알칼리성 식재료에 사용할 수 없지만, 물을 끓이거나 밥을 짓거나 이파리 채소를 데치는 용도로 쓰는 것은 괜찮다.

어떤 재질의 프라이팬이건 잘못된 용도로 사용하면 수명이 줄어든다. 코팅막이 있는 코팅 프라이팬은 음식이 눌어붙지 않고 편리해서 요리에 서툰 사람들이 사용하기에 더없이 좋다. 하지만 프라이팬을 빈 채로 달궈도 안 되고 불에서 사용한 뒤에 곧바로 찬물에 담가도 안 되며 철 수세미로 닦아도 안 된다. 코팅이 벗겨지면 눌어붙음 방지 기능이 사라질뿐더러 자기도 모르게 코팅막을 먹을 수 있다.

코팅이 되지 않은 프라이팬(무쇠 프라이팬, 스테인리스 프라이팬)은 음식이 잘 눌어붙어서 숙련된 요리 솜씨가 필요하지만 실수로 코팅막을 먹을 일이 없고 보관을 잘하면 오래 쓸 수 있어서 경제적이다.

"그럼 주물 프라이팬은요?"

궁금해도 잠깐만 기다리시길! 주물 프라이팬은 다음 장에서 상세히 알아보자.

5

주물
프라이팬도
길들여야
할까?

하나만 가지고 있어도 지지고 볶고 끓이고 튀기고 삶는 요리를 모두 할 수 있는 주물 프라이팬이 인기다. 인터넷에는 주물 프라이팬을 이용한 요리법을 공유하는 블로거들이 많다. 주물 프라이팬은 열전도율이 높고 온도를 일정하게 유지하는 기능이 뛰어나며, 색상도 알록달록해 식탁에 그냥 두어도 예쁘다. 어느 날 남자 직원들이 물었다.

"주물 프라이팬이 그렇게 대단한 물건이에요? 무거운 건 둘째 치고 귀찮게 길들여야 한다면서요."

"주물 프라이팬의 색이 화려해서 예쁘긴 하지만 TV 프로그램을 보니까 중금속 덩어리던데요? 이런 프라이팬으로 요리를 하면 위험하지 않나요?"

연이은 질문에 난 이들이 직접 요리한 적이 있기는 할지 의문이 들었다.

"박사님! 왜 자꾸 뜸을 들이세요. 주물 프라이팬이 안전한지 어떤지, 따로 길들여야 하는지 빨리 알려주세요!"

먼저 주물 프라이팬에 대해서 자세히 알아보자

사실 사람들이 주물 프라이팬이라고 부르는 프라이팬의 좀 더 정확한 명칭은 무쇠의 표면에 법랑 코팅을 입힌 법랑 주물 프라이팬이다. 주물 프라이팬에 사용되는 쇠는 회색주철gray cast iron인데, 회색주철은 카본(탄소) 함량이 높고 열을 전달하는 속도가 느리다.

주물 프라이팬의 가장 큰 장점은 한번 달궈지면 열이 오래도록 지속되는 것이다. 열용량(온도가 1℃ 올라가거나 내려갈 때 흡수되거나 방출되는 열량 – 옮긴이)이 높아 열이 지속되는 효과가 뛰어나다. 다시 말해서 한번 가열하면 오래도록 식지 않는다.

다른 프라이팬과 비교할 때 주물 프라이팬은 화력을 크게 신경 쓰지 않아도 된다. 불이 약하면 그저 오랫동안 가열하면 그만이다. 요리할 때 프라이팬의 열 보존 효과가 뛰어나면 어떤 점이 좋을까? 아이고, 물어볼 사람에게 물어보시라. 안타깝게도 요리는 나의 주특기가 아닌지라 어떻게 불을 조절하면 음식을 맛있게 볶아낼 수 있는지는 알려줄 수가 없다.

사실 법랑 코팅은 유리이다

자, 지금부터는 법랑 코팅에 대해서 알아보겠다. 사실 법랑은 유리의 일종이다. 약 650~760℃의 고온에서 녹인 법랑은 주물 프라이팬에 칠해져 코팅층을 형성한다.

따라서 법랑 주물 프라이팬의 주철 부분이 공기에 직접적으로 노출되지 않으면, 그러니까 법랑 코팅이 훼손되지 않으면 기본적으로 녹스는 것을 고민하지 않아도 된다.

"법랑 코팅이 훼손될 수도 있어요?"

물론이다. 어쨌든 법랑은 유리의 일종이 아닌가. 바닥에 세게 내려놓거나 쿵 하고 떨어트리면 법랑이 깨지거나 갈라질 수 있다. 예쁜 주물 프라이팬에 균열이 생겨서 액체가 주철 부분에 스며들면 녹이 슬어도 수리할 수가 없다. 따라서 사용할 땐 떨어트리지 않게 주의하고 살살 다뤄야 한다.

바닥에 떨어트리는 것 외에 주의할 점은 또 있다. 바로 급격한 온도 변화다! 법랑과 회색주철은 열에 팽창하거나 수축하는 정도가 크게 달라서 온도가 급격하게 변하면 서로 분리될 수 있다. 따라서 사용한 주물 프라이팬은 귀찮아도 충분히 식힌 뒤에 설거지를 해야 한다. 아무리 급해도 뜨겁게 달궈진 프라이팬을 찬물에 풍덩 담그면 안 된다.

이 밖에 냉장고에서 꺼내어 바로 센 불에서 가열해도 안 된다. 앞에서 설명한 것처럼 주물 프라이팬은 열전도율이 느리다. 차가운 프라이팬을 센 불에 올려놓으면 열이 골고루 전달되지 않고 군데군데 뜨거워져 법랑 코팅이 분리될 수 있다.

법랑층의 중금속은 인체에 해로울까?

"박사님, 색색이 칠해진 주물 프라이팬의 법랑층에 중금속이 있는 게 사실인가요? 독성 물질이 있나요?"

하, 이런 논란이 있다는 것을 안다. 얼마 전 '사실 오색 찬란한 주물 프라이팬의 법랑층에는 중금속이 들어 있으며, 금속 독소를 방출해 건강을 해칠 수 있다'라는 뉴스가 언론에 보도되었다. 틀린 소리는 아니다. 확실히 법랑의 화려한 색상은 금속 산화물을 이용해서 만든다.

"뭐라고요? 이런 양심도 없는 것들을 봤나!"

성급히 결론짓기는 아직 이르다. 먼저 설명을 끝까지 들어보자. 요리할 때 법랑층에서 방출되는 중금속의 양은 매우 적다. 적어도 너무 적어서 걱정할 필요가 없을 정도이다. 내가 늘 말하지 않는가.

"독성이 없는 물질은 없어요. 물도 지나치게 많이 마시면 중독됩니다. 중요한 것은 얼마나 섭취하느냐에 있어요."

만약에 이 글을 읽는 당신이 중금속을 조금도 용납할 수 없는 사람이라면, 중금속이라는 말만 들어도 치를 떠는 사람이라면 주물 프라이팬을 사용하지 않기를 바란다.

하지만 이성적으로 이해할 수 있는 사람은 내 말을 믿으시라. 적법하게 생산되고 합격 기준을 통과한 법랑 주물 프라이팬에서는 인체에 해로운 정도의 중금속이 방출되지 않는다. 단, 어디서 어떻게 생산했는지 알 수 없는 싸구려 주물 프라이팬은 미안하지만 안전성을 보장할 수 없다.

그렇다면 어떻게 어떤 법랑은 흰색이 되고, 어떤 법랑은 검은색이 될까? 법랑 코팅이 안 된 주물 프라이팬은 안전할까?

사실 검은 법랑은 주철 표면에 투명한 법랑층을 입힌 것이다. 주철의 색깔이 그대로 비쳐 검게 보이는 것이고, 그래서 검은 법랑이라고 불린다. 흰 법랑은 색깔이 있는 법랑, 즉 조색 과정을 거친 법랑이다. 흰 법랑은 표면이 매끈하지만 검은 법랑은 거칠어서 요리할 때 서로 다른 효과를 낸다. 구체적으로 어떤 차이가 있는지는 요리 고수에게 물어보시라.

"코팅이 안 된 주물 프라이팬도 있어요?"

당연히 있다. 하지만 사용하기가 불편하다. 코팅이 안

된 주물 프라이팬은 녹이 잘 슬어서 실용적이지 않다. 찻주전자 중에는 코팅이 안 된 찻주전자가 있는데, 차를 우리는 과정은 요리보다 간단해서 코팅하지 않아도 녹이 슬지 않는다.

주물 프라이팬을 길들이는 방법은?

프라이팬을 길들이는 것은 사실 프라이팬을 손질하는 것이다. 프라이팬을 길들이면 오랫동안 편하게 쓸 수 있다. 프라이팬을 세게 내려놓거나 떨어트리지 않고, 급격한 온도 변화가 일어나지 않게 뜨거운 채로 찬물에 담그거나 차가운 채로 센 불에 올려놓지 않으면 기본적으로 프라이팬을 길들이는 목표를 달성한 것이다.

법랑 코팅이 안 된 주물 프라이팬은 사용한 뒤에 따로 기름을 발라 주거나 기름을 붓고 끓이면 오래 사용하는 데 도움이 되지만 법랑 주물 프라이팬은 이렇게 하나 안 하나 큰 차이가 없다.

인터넷에 떠도는 '주물 프라이팬을 주방 세제로 닦으면 녹이 잘 슨다'라는 말은 사실 정확한 정보가 아니다. 앞에서 설명한 것처럼 법랑 주물 프라이팬은 법랑이 훼손되지 않으면 녹슬지 않는다.

한 번도 주방에서 음식을 만들어 본 적이 없는 화학공

학자 입장에서 법랑 주물 프라이팬은 다용도로 쓸 수 있는 편리한 주방 도구이다. 사용 방법도 인터넷에 떠도는 것처럼 복잡하지 않고 제조 원리를 이해하면 누구나 정확하게 사용할 수 있다.

6 천연이라고
모두
안전한 것은
아니다

요즘 여기저기 천연, 유기농 열풍이 거세다. 먹거리뿐 아니라 그릇까지도 천연 바람이 불고 있다.

나무로 만든 그릇. 왠지 근사하지 않은가? 플라스틱에서 발암 물질이 나올까 봐 걱정하지 않아도 되고 금속 제품에서 방출되는 금속 이온 때문에 (비록 사실은 아니지만) 노인성 치매에 걸릴까 봐 걱정하지 않아도 되니 얼마나 좋은가. 하지만 내 칼럼을 꾸준히 읽은 사람들은 내가 곧이어 어떤 말을 할지 훤히 예상될 것이다.

"세상에 100% 완벽한 물질은 없습니다!"

최근에 어느 독자가 물었다.

"저는 그동안 환경을 보호하기 위해서 친환경 젓가락과 나무 그릇을 사용했어요. 하지만 일전에 어떤 토론회를 보고 알게 된 사실인데요. 나무 그릇이 쉽게 망가지니까 제조사들이 내구성을 높이기 위해서 많은 화학 약품과 중금속을 첨가한다고 하더군요. 이게 사실인가요? 계속 사용하면 중금속에 중독될까요?"

이 물음에 답하기 전에 먼저 나무 그릇에 대해서 알아보자.

나무 그릇의 안전성? 핵심은 어떤 '옷'을 입었느냐다

나무토막, 대나무 등의 재질로 만든 그릇의 가장 큰 단점은 물에 약한 것이다.

나무토막은 원래 물을 잘 흡수한다. 하지만 수분은 세균의 번식을 돕고 나무를 썩게 만드는 주요 원인이 되기도 한다. 따라서 100% 원목을 표방하고 인공적으로 코팅 처리를 하지 않은 '벌거벗은' 나무 그릇은 사용한 뒤에 곧바로 깨끗이 닦고, 장시간 물에 담가 놓지 않고, 충분히 건조시킨 뒤에 수납하는 등 주의해서 취급해야 한다.

색깔이 변했거나 냄새가 나거나 부분적으로 닳았거나 갈라졌으면 미련 없이 버리자. 세균이 번식한 나무 그릇은 결코 플라스틱 제품보다 안전하지 않다! 개인적으로 '옷'을 안 입은 벌거벗은 나무 그릇을 사용하는 것은 좋은 선택이 아니라고 생각한다.

그렇다면 알록달록한 색깔을 입은 나무 그릇은 어떨까? 페인트를 칠하면 물에 강해져 변색되거나 냄새가 나거나 갈라질 걱정은 없다. 하지만 그릇에서 떨어진 페인트를 자기도 모르게 음식물과 함께 삼키는 것은 결코 반갑지 않다.

페인트는 색깔을 또렷하고 안정적으로 내기 위해서 중금속과 유기용제를 첨가하는데, 모두 암을 유발하는 성질이 있다. 따라서 페인트가 벗겨지거나 열 또는 산성 물질에 용해되어 음식물과 함께 배 속에 들어가면 큰일이다. 쉽게 설명하면 화려한 색상의 외투를 입은 나무 그릇은 플라스틱 그릇보다 더 위험하다!

마지막으로 시중에서 많이 파는 나무 그릇은 나무 본연의 천연색이고 만져보면 코팅한 것처럼 매끄럽다. 나무로 그릇을 만든 뒤에 표면에 이른바 옻칠을 한 것이다. 옻칠을 하면 보호막이 생겨서 나무에 물이 스며들지 않고 세균이 번식할 가능성이 줄어들어 나무 그릇을 오래 사용할 수 있다.

"박사님, 옻칠은 페인트가 아니에요? 실수로 삼켜도 괜찮은가요?"

걱정하지 마시라. 사실 옻칠은 옻나무에서 추출한 천연 수지이다. 옻칠은 주요 성분인 우루시올 때문에 피부에 직접 닿으면 심하게 간지러운 알레르기 반응이 일어난다. 하지만 그릇 표면에 칠하고 건조시키면 독성이 없어진다. 옻칠에 다른 물질이 첨가되지 않았으면 안심하고 사용해도 된다. 일본음식점에서 식사할 때 볼 수 있는 화려하고 우아한 '칠기'는 옻을 반복적으로 칠해서 가공한 것이다.

정리하면 나무 그릇은 '옷'을 일절 안 입은 것도 안 좋고, 너무 화사하게 입은 것도 안 좋다. 소박한 '옻칠'을 입은 것이 가장 안전하다고 할 수 있다.

어떤 나무 그릇을 선택해야 할까?

나무 그릇은 최대한 천연색인 것(그림이 없고, 페인트칠이 아닌 옻칠을 한 것), 단순하게 만든 것(문양이 없는 것)을 선택하는 것이 좋다. 표면이 울퉁불퉁하면 그 사이로 불순물이 잘 낀다. 만약에 포장이 되어 있으면 식품위생법에 따라 '식품 기구 용기 포장 위생 기준 통과' 표시가 있는지 확인한다.

가장 천연적이고 안전한 재질의 그릇을 선택한 뒤에 중요한 점은 좋은 사용 습관을 들이는 것이다. 나무 그릇은 설거지를 한 뒤에 잘 말리지 않으면 곰팡이가 필 수 있으므로 주의가 필요하다. 이 밖에 반복해서 사용하고 수세미로 문질러 닦으면 갈라진 틈에서 세균이 번식할 수 있다. 따라서 3~6개월에 한 번씩 정기적으로 교체하는 것을 권장한다. 나무 그릇이 갈라지거나 틀어지면 거칠어진 표면에서 세균이 자랄 수 있으므로 즉시 새것으로 교체해야 한다.

　나무 그릇은 번거롭게 주의할 점이 많다. 하지만 가족의 건강을 위해서 사용하는 것이면 이왕이면 세심하게 선택하고 정기적으로 교체하자!

7

친환경 그릇,
전자레인지에
돌려도
될까?

보릿대와 볏짚이 원료인 PLA 식기는 건강하고 천연적이며, 고온에 강하고 반복해서 사용할 수 있다. 또한 자연에서 스스로 분해되니, 이보다 더 좋은 그릇이 또 있을까?

지난번에 나무 그릇에 대해서 속속들이 알아본 뒤에 많은 독자가 의견을 보냈다.

"박사님, 왜 그렇게 매번 뒷북을 치세요. 언제 적 나무 그릇을 말씀하시는 거죠? '보릿대·볏짚·옥수수 식기'도 못 들어보셨어요? 친환경 원료로 만들어서 자연 분해되는 것은 물론이고 천연적이고 건강에 좋고 환경 보호에도 도움이 된다고요!"

천연, 건강함, 무독성, 환경 보호···. 하, 지나치게 완벽하다! 이럴 때 내가 늘 하는 말이 있다. 진짜로 그렇게 좋을까? 이 물음에 대답하기 전에 먼저 이들 식기가 어떻게 만들어지는지 이해하자.

'전분＋섬유소'로 만든 그릇

이른바 보릿대 · 볏짚 · 옥수수 그릇을 만들 때 필요한 것은 이들 식물에 풍부하게 들어 있는 전분과 섬유소이다. 섬유소가 그릇의 강도를 높이기 위해서 필요한 것은 알겠다. 하지만 전분은 왜일까?

사실 일상생활에서 편리하게 쓸 수 있는 단단한 그릇을 만들 때 전분을 직접 사용하면 안 된다. 전분은 발효 과정을 거치면 젖산을 만들어내는데, 여러 종류의 젖산을 결합하면 폴리락트산$^{\text{polylactic acid}}$이 된다.

"폴리락트산이요? 처음 들어봐요."

처음 들어볼 수도 있다. 내가 아직 마성의 판매력을 가진 이것의 유명한 이름을 밝히지 않았기 때문인데, PLA가 그것이다!

PLA는 분해되는 성질이 있는 고분자 재료의 일종이다. 온도와 습도가 높은 환경에서 물에 분해되고 고온에서 화학 반응이 빠르게 일어나 다시 원래의 젖산으로 돌아간다.

이것이 PLA가 자연 분해되는 친환경 재료라고 불리는 이유이다.

PLA의 가장 신기한 점은 여느 플라스틱처럼 연성(한계 이상의 힘을 줬을 때 변형되어 가늘게 늘어나는 성질 - 옮긴이)과 전성(한계 이상의 힘이 주어졌을 때 얇게 펴지는 성질 - 옮긴이)이 뛰어나 가공할 수도 있고 다시 분해할 수도 있는 것이다. 더 신통방통한 점은 독성이 없다. 이러한 이유로 금세 소재 분야의 총아가 되었다.

최초에 PLA는 의료 분야에서 응용되었다. 몸에서 녹아 수술한 뒤에 따로 뽑아낼 필요가 없는 실(흡수성 봉합사 - 옮긴이), 다시 절개하지 않아도 되는 몸에서 녹는 나사, 뼈의 얇은 판 등을 PLA로 만들었다. 하지만 순수한 PLA를 그릇으로 만들어 사용하는 것은 적합하지 않다. 60℃ 이상에서 물러지고 변형이 일어나기 때문이다. 순수한 PLA로 만든 컵에 물을 따라서 전자레인지에 돌려보시라. 아마 전자레인지 안에서 곤죽이 되어 있을 것이다.

어떻게 개선하면 좋을까? 방법은 크게 두 가지이다. 첫 번째 방법은 특정 비율로 두 종류의 젖산인 D-form과 L-form(Poly(D,L-lactic acid))을 혼합해 폴리락트산의 강도와 지구성을 강화하는 것이다. 녹는 나사와 뼈의 얇은 판은 주로 이 방법으로 만들어진다. 비록 재료를 개선했지만, 똑같이 젖산을 사용했기 때문에 전혀 걱정할 것이 없다. 두 번째 방법은 플라스틱과 혼합하는 것이다.

"플라스틱과 혼합한다고요?"

그렇다. 이것은 상점에서 파는 주스에 천연 과즙의 함량은 낮고 예쁜 색과 좋은 맛을 내는 설탕, 색소, 화학조미료만 그득 들어 있는 것과 같다. 가정에서 PLA 식기를 전자레인지에 넣어 돌리고 반복해서 사용할 수 있는 방법을 고민한 제조사들은 PLA에 폴리프로필렌^{PP}과 같은 재료를 섞어서 그릇의 내열성과 지구성을 높였다.

하지만 문제는 플라스틱과 합성하면 100% 자연 분해되지 않는다. 만약에 PP처럼 열에 강하고 얼지 않으며 전자레인지 사용이 가능하고 폐기된 뒤에 자연 분해된다고 광고하는 PLA 식기를 발견하면… 흠, 아직 이것에 대해서 증명된 사실이 없다는 정도만 말하겠다. 세상에 완벽한 물질은 없다. 시중에 나온 PLA 식기는 대부분 플라스틱이나 다른 물질을 혼합해서 만든다.

PLA 식기에 플라스틱을 첨가해서 생기는 문제는 또 있다. 바로 플라스틱이 제대로 회수되지 않는 것! 순수한 PLA는 자연 분해되어 회수할 필요가 없고(비록 분해시키는 것이 생각처럼 쉽지는 않지만 어쨌든 가능하다) 순수한 플라스틱은 회수된 뒤에 재활용된다. 한데 PLA와 플라스틱을 합성하면 PLA가 자연 분해되지도 않고, 플라스틱도 회수하여 재활용할 수 없어진다.

여전히 PLA는 최신 소재이다. 하루빨리 기술이 발전해서 PLA 식기가 기존의 문제점을 해결하고 진정한 친환경

식기로 거듭나기를 바란다.

앞에서 PLA 식기는 열에 잘 견디기 위해서 플라스틱을 첨가한다고 설명했다. 그렇다면 플라스틱 그릇을 전자레인지에서 사용해도 될까? 유독 물질을 방출하는 것은 아닐까?

전자레인지에서 데워지는 것은 수분만이 아니다

많은 플라스틱 도시락은 전자레인지에서 따뜻하게 데울 수 있다. 플라스틱 도시락은 대부분 폴리에스테르^{PE}, 폴리프로필렌^{PP}, 폴리카보네이트^{PC}로 만드는데, 이들 재료는 120℃까지의 열에 견딜 수 있다. 따라서 전자레인지에서 물을 끓이는 용도로 사용하는 것은 안전하다(물의 끓는점은 100℃이다).

하지만 음식물에 수분만 있는 것은 아니다. 지방이 함유된 음식물은 가열하면 120℃ 이상 올라갈 수 있다. 더욱이 음식물이 골고루 데워지지 않을 때, 구체적으로 가운데 부분은 미지근하지만 용기와 접촉하는 가장자리는 뜨거울 때 플라스틱 용기의 전체 온도가 120℃ 이하일 것이라고 장담하기가 어렵다. 만에 하나 낮은 품질의 재료(열에 약한 플라스틱)로 만들었거나 생산 과정에서 불량한 물질이나 기타 물질(비스페놀A)이 첨가되었으면 확실히 안전을 걱정할 수밖에 없다.

전자레인지에는 유리 · 사기그릇을 사용하는 것이 상책

전자레인지에서 플라스틱 용기를 사용할 때 이런저런 문제를 걱정해야 한다면 어떤 그릇을 사용하는 것이 안전할까? 다음 글에서 자세히 설명하겠지만 가능하면 고온에서 잘 견디는 유리그릇, 문양이 없는 사기그릇을 쓰는 것이 좋다. 하지만 사기그릇이라도 유색의 무늬나 금 테두리가 있으면 되도록 사용하지 말아야 한다.

8 전자레인지의 비밀 대공개

나무 그릇, 보릿대·볏짚 그릇에 관한 정보를 공유한 뒤에 많은 사람이 궁금해하는 점은 뜻밖에도 이런 것이었다.

"박사님, 나무 그릇을 전자레인지에서 사용해도 괜찮을까요?"

"전자레인지의 마이크로파가 음식물의 영양소를 파괴하고 암을 일으킨다고 들었어요. 사실인가요?"

"전자레인지가 작동될 때 똑바로 바라보면 진짜로 눈이 멀어요?"

휴, 전자레인지에 관한 흉흉한 소문은 오랫동안 뜨거운 화제였다. 어느 것이 진짜이고, 가짜일까? 지금 당장 알아보자.

전자레인지는 어떻게 가열할까?

전자레인지를 사용해 본 사람들은 한 번쯤 음식물이 골고루 데워지지 않은 상황을 경험했을 것이다. 어느 곳은 지나치게 뜨겁지만 어느 곳은 여전히 차갑고, 겉은 미지근하지만 속은 뜨거워서 하마터면 혀를 데일 뻔한 적도 있을 것이다. 왜 이런 현상이 생길까?

사실 전자레인지는 음식물을 직접적으로 가열하지 않는다. 특정 주파수의 전자파(일반적으로 마이크로파는 2.45GHz이다)를 이용해서 음식물의 '극성 분자'를 가열한다. 마이크로파에 의해 극성 분자가 빠르게 진동하면 가열하는 효과가 생긴다.

"박사님, 극성 분자가 뭐예요?"

간단하게 설명하면, 주변에서 가장 많이 볼 수 있는 극성 분자는 물이다. 대부분의 음식물에는 수분이 들어 있는데, 전자레인지는 이 수분을 진동시키고 마찰시켜 열에너지를 발생한다.

이쯤 되면 '아, 그래서 그때 그 음식이 골고루 안 데워졌구나!'라고 이해될 것이다. 사실 전자레인지에서 음식을 데우는 것은 음식물에 있는 수분만 가열하는 것이다. 따라서 국처럼 수분이 고르게 분포된 음식은 빠르고 고르게 데워지지만 수분 함량이 낮은 음식, 예컨대 살코기나 견과류에는 전자레인지가 무용지물이다.

안 믿기면 직접 실험해 보시라. 전자레인지에 마른 수건을 넣고 돌리면 아무런 변화가 없지만 젖은 수건을 넣고 돌리면 김이 모락모락 난다! 따라서 전자레인지는 '수분' 맞춤용 조리 기구라고 할 수 있다. 이런 특성 때문에 수분이 골고루 많이 분포된 음식물을 데우기에 적합하지만 삼겹살, 견과류처럼 지방 함량이 높고 수분기가 적은 음식물을 데우기에는 적합하지 않다.

이 밖에 전자레인지를 사용할 때 음식물을 완전히 밀봉하면 안 되고 수분이 증발할 수 있는 구멍을 남겨 놓아야 한다. 날달걀의 경우에 껍질째 넣고 돌리면 폭탄처럼 펑 터진다!

전자레인지는 음식의 영양소를 파괴할까?

사실 이런 우려와 주장이 있는 것은 마이크로파의 가열 원리 때문이다. 전자레인지는 수분기가 있는 부분을 먼저 가열한다. 음식물이 전부 데워질 때까지 기다리면 수분기가 있는 곳은 이미 지나치게 뜨거워져 영양소가 파괴된다는 것이 이들의 생각이다. 하지만 온도를 잘 조절하면 물에 찌거나 데우는 것보다 전자레인지를 사용할 때 수용성 비타민이 더 잘 보전된다.

전자레인지에서 데운 음식을 많이 먹으면 암에 걸린다?

아마 이것이 가장 널리 퍼진 소문일 것이다. 몇몇 소문은 어떤 환자가 마이크로파를 이용해서 녹인 냉동 혈액을 수혈 받자마자 죽었네 어쩌네, 하는 오싹한 사연까지 더해져 널리 퍼졌다.

먼저 냉동 혈액에 관해서 이해해 보자. 병원에서는 일반 전자레인지를 이용해서 혈액을 가열하지 않는다. 마이크로파가 해로워서가 아니라 앞에서 설명한 것처럼 열이 골고루 가해지지 않을 수 있기 때문이다. 혈액을 40℃ 이상 가열하면 용혈 반응(적혈구의 세포막이 파괴되는 현상 - 옮긴이)이 일어나고 조직이 괴사되어 생명이 위험해질 수 있다. 일반 전자레인지로 가열할 때 혈액 전체의 온도가 일정하게 유지된다는 보장이 없다.

다시 원래의 문제로 돌아가 보자. 전자레인지에서 데운 음식물을 먹으면 암에 걸린다고 소문이 난 것은 음식물이 골고루 데워지지 않기 때문이다. 음식물에 수분이 고르게 분포하지 않으면 전자레인지에서 똑같이 데워도 어느쪽은 뜨겁고 어느 쪽은 차갑다. 이때 사람들은 습관적으로 차가운 부분이 따뜻해질 때까지 계속해서 전자레인지를 작동하는데, 그러면 수분이 있는 부분은 까맣게 탄다. 원래 탄 음식은 전자레인지에서 가열한 것이건 불에 구운 것이건 기름에 튀긴 것이건 상관없이 인체에 나쁜 영향을 준다. 따라서 주의할 필요가 있다.

전자레인지에는 어떤 그릇을 사용할까?

골고루 가열되지 않아서 신경 써야 할 점은 또 있다. 바로 그릇 선택이다. 가장 좋은 것은 유리그릇이나 금속 무늬가 없는 사기그릇이다. 플라스틱 그릇은 되도록 사용하지 말 것을 권장한다. 전자레인지용 플라스틱 용기는 비록 100℃ 이상의 고온에 견딜 수 있게 제작되지만, 일부 성분은 그렇지 못할 수도 있다. 더구나 부분적으로 100℃를 훨씬 웃도는 온도까지 가열될 수 있기 때문에 안전을 위해서 유리그릇이나 사기그릇을 사용하는 것이 좋다. 같은 이유로 음식물에 비닐 랩을 씌우고 전자레인지에 데우는 것도 권장하지 않는다.

　이 밖에 금속은 마이크로파를 반사한다. 금속을 전자레인지에 넣고 가열하면 에너지가 끊임없이 반사되어 내부에 쌓인다. 얇은 금속, 예컨대 쿠킹 포일을 전자레인지에 넣고 가열하면 전류가 크게 흘러 불이 날 수 있다. 매우 위험한 행동이므로 하면 안 된다.

왜 위험한 전자파를 이용해서 음식물을 가열할까?

앞에서 전자레인지는 '전자파'라는 특정 전파를 이용한다고 설명했다. 많은 사람이 괜히 전자파를 두려워한다. 인체에 나쁜 영향을 준다고 생각해서이다.

하지만 지레 겁먹지는 말자! 사실 전자파의 범위는 매우 광범위하다. AM·FM 등의 라디오파, 휴대전화 통신에 사용되는 통신파, 음식물을 데우는 마이크로파와 같은 파장이 긴 전파가 있는가 하면 병원 진료에 사용되는 엑스레이, 살균 작용이 있는 자외선, 감마선 등의 파장이 짧은 전파도 있다.

두 전파의 차이점은 가시광선이다. 가시광선은 평소에 눈으로 볼 수 있는 모든 광선을 가리킨다. 놀랍게도 전자파를 내보내는 것 중에는 공부할 때 사용하는 전기스탠드도 있다. 전자파라고 해서 무턱대고 긴장할 필요는 없다.

사실 마이크로파가 인체에 주는 주요 영향은 음식물의 수분을 가열하는 것처럼 사람 몸속에 있는 수분을 가열하는 것이다. 물론 이것은 좋은 일이 아니다.

하지만 일반 가정에서 사용하는 전자레인지는 기본적으로 체내의 수분을 가열하지 못하므로 지나치게 걱정할 필요는 없다. 정 걱정된다면 전자레인지가 작동되는 동안은 주방에 있지 마시라. 인체에 해로운 것으로 따지면 작동되는 전자레인지보다 외려 한낮에 뜨겁게 내리쬐는 햇볕의 자외선이 더 해롭다.

작동되는 전자레인지를 똑바로 바라보면 눈이 멀까? 되물어 보자. 작동되는 전자레인지를 괜히 왜 바라보는가? 이것 때문에 눈이 멀까 봐 걱정하느니 차라리 휴대전화 스크린의 블루라이트를 더 조심하자.

전자레인지는 종종 안전성을 의심받았다. 하지만 '불안전'한 것은 마이크로파나 전자레인지가 아니라 사용자의 사용 방식이라는 점을 강조하고 싶다. 마이크로파의 원리를 이해하고 정확한 방법으로 사용하면 잠재적인 위험을 낮출 수 있다. 두렵다고 해서 전자레인지 사용을 아예 꺼릴 필요는 없다.

'어떻게 사용해도 100% 안전하겠지'라고 생각해서 주의 사항을 소홀히 하는 것도 안 된다. 다시 한 번 강조하는데, 아는 것이 힘이다. 많은 것을 이해하면 진실로 두려움을 극복할 수 있다. 모든 사물은 좋고 나쁜 양면성이 있다. 전자레인지도 그렇다. 100% 안전한 것은 아니지만 그렇게 두려운 물건도 아니다. 두려움을 심어주는 단편적이고 과장된 정보에 속지 말자.

9 금방 도축한 고기는 신선하고 위생적일까?

요즘은 툭하면 먹거리 안전 문제가 터진다. 이 때문에 사람들은 과거의 어느 때보다도 더 신중하게 식재료를 고른다. 하지만 제대로 선택하고 있을까?

솔직히 좋은 식재료를 고르는 것은 나보다 주부들이 더 전문가이다! 달콤한 과일이나 신선한 생선을 잘 고르는 것은 나의 특기도 아니고 내가 공유하고 싶은 정보도 아니다. 난 어디까지나 화학공학자의 입장에서 많은 사람의 관심거리인 '신선함'에 관해 사실 여부를 따져 보고자 한다.

냉장육 vs 냉동육 vs 방금 도축한 고기

사람들은 냉동육이라고 하면 '분명히 질이 떨어지니까 얼려서 팔겠지. 맛도 별로야!'라고 생각한다. 하지만 고기가 소비자를 만나기까지 어떤 처리 과정과 단계를 거치는지 알고 있는가?

정육점에서 파는 냉장육이나 방금 도축한 고기는 모두 생고기 빛깔이라서 사람들에게 신선한 인상을 준다. 하지만 처리 과정을 이해하고 나면 매우 놀랄 것이다.

고기는 상온(보통 15~25℃를 가리킨다 − 옮긴이)에 가까운 온도에서 보관할수록 빨리 부패한다. 상온에 가까울수록 각종 미생물과 세균이 활발하게 활동하고 육류의 단백질과 지방이 빨리 변질하기 때문이다. 육류는 상온에서 12~24시간, 냉장실에서는 이보다 조금 더 긴 3~5일, 냉동실에서는 4~6개월까지 보관할 수 있다. 보관 기간만 고려할 때 고기는 냉동시키는 것이 가장 좋다.

사실 냉동육과 냉장육은 도축 · 해체 · 포장 과정을 거쳐 시장이나 정육점에 운송되어 판매된다. 단지 차이점은 고기를 냉동시켰느냐, 냉장시켰느냐이다. 고기를 냉장시키면 최대 3~5일 동안 신선함이 유지된다. 집하, 운송, 진열 과정을 거쳐 소비자의 수중에 들어왔을 땐 이미 마지막 하루나 이틀일 가능성이 높다. 따라서 냉동육보다 냉장육이 특별히 더 신선한 것은 아니다!

방금 도축한 고기나 냉장육이 냉동육보다 인기 있는 가장 큰 이유는 왠지 더 신선하고 맛있을 것이라는 사람들의 심리 때문이다. 확실히 도축하고 한 시간 이내에 요리한 고기의 맛과 신선함은 단연 최고이다. 냉장육도 구매한 뒤에 바로 요리해 먹으면 맛이 끝내준다. 이에 비해 냉동육은 얼음에 섬유질이 파괴된 탓에 앞의 두 고기에 비해 맛이 떨어진다.

하지만 집에서 고기를 요리할 때 매번 산 뒤에 바로 먹는가? 방금 도축한 고기나 냉장육을 구매한 뒤에 바로 요리하지 않고 냉동실에 보관할 것이면 애초부터 냉동육을 사는 것이 더 신선하고 부패의 위험성도 낮다.

생우유 vs 분유 vs 멸균 우유

많은 사람이 고기에 비하면 유제품을 고르는 것은 일도 아니라고 생각한다. 생우유 외에 특별히 떠오르는 것이 없지 않은가. 하지만 우유는 크게 세 종류가 있다. 먼저 세 우유의 차이점을 알아보자.

사실 생우유는 가장 신선하지 않다. 신선한 것으로 치면 젖소에서 갓 짜낸 젖이 최고이다. 생우유나 멸균 우유나 분유는 모두 이 젖소의 젖을 가공 처리한 것이다.

생우유는 젖소의 젖을 고온에서 살균하고 여과한 뒤에

포장하고 냉장시킨 것이며, 40℃에서 냉장할 경우에 약 열흘 정도 보존할 수 있다.

멸균 우유의 가공 과정은 생우유와 큰 차이가 없다. 똑같이 고온에서 살균한다. 단지 더 높은 온도에서 더 오랫동안 가열해 살균 효과가 더 완벽하며, 무균 충전 방식으로 포장된다. 멸균 우유는 무균 상태에서 밀봉 포장되기 때문에 방부제를 넣을 필요가 없다. 멸균 우유가 약 6~9개월 정도 보존할 수 있다고 괜히 방부제 덩어리일 것이란 오해는 하지 마시길!

분유는 생우유를 살균한 뒤에 분무 건조 방식으로 수분을 날려 버린 가루이다. 수분이 없어서 보존하기가 더 쉽고, 유통 기한은 약 2~3년이다.

분유와 멸균 우유의 뿌리가 100% 젖소의 젖인 점에서 두 우유를 멀리할 필요는 없다. 비록 고온에서 살균하고 건조하는 과정에서 일부 비타민이 파괴되어 생우유보다 영양적인 가치는 조금 떨어지지만 단백질, 칼슘, 철분의 함량은 생우유나 멸균 우유나 분유나 거의 차이가 없다. 물론 맛은 사람에 따라서 선호하는 것이 다를 수 있다!

따라서 무조건 생우유를 최고로 여기고 멸균 우유와 분유를 장바구니에서 배제할 필요는 없다. 모든 것은 각 가정의 필요와 선호에 따라서 선택하면 된다. 하지만 단 하나, 유통 기한과 보관 온도는 주의해야 한다. 상온에 오래 놔둔 생우유를 마시면 설사할 수 있는데, 매사에 주의해서 나쁠 것은 없다.

10

때때로 방부제 첨가는 필요악

최근에 '방부제로 지은 밥, 백 곳에 가까운 학교에 공급돼 충격!'이라는 제목의 고발 프로그램이 방영되었다. 또다시 먹거리 안전 문제가 터진 것이다. 이번 사건은 피해자가 어린 학생들인 점에서 더 끔찍하다. 어두컴컴한 공장 내부, 파란색 플라스틱통, 학생들이 날마다 먹는 밥에 첨가한 독한 화학 물질. 제작진은 정의의 사도가 되어 영화에 나올 법한 영상을 화면 가득 내보내는 것도 모자라 식품 회사 사장의 몸에 '악덕 사장'이라는 네 글자를 낙인처럼 찍어 흉흉한 분위기를 연출했다. 하지만 겉으로 보이는 것이 전부일까?

방부제 VN-151 및 VN-103에 관한 분석

먼저 이번 사건의 주인공인 VN-151 및 VN-103에 대해서 알아보자. TV에 보도된 식품 첨가 허가증 자료와 사진 기록에 근거해서 두 화학 물질의 전성분을 우리말로 각각 번역하면 다음과 같다.

――――
VN-151
글리신, 아세트산나트륨, 라이소자임 염산염

――――
VN-103
아세트산나트륨, 푸마르산일나트륨, 수크로오스 지방산에스테르, 효소제

하! 글리신, 아세트산나트륨, 푸마르산, 수크로오스 지방산에스테르, 효소라. 툭 까놓고 말해서 일부 아미노산(가공하지 않은 소고기, 돼지고기 등 육류 단백질을 함유한 모든 것에 들어 있다), 효소(침을 포함해서 모든 생명체에 들어 있다), 아세트산(식초의 주성분이다)은 화학 실험실에서 몰래 제조한 독극물이 아니라 지극히 평범한 물질이다.

조금 낯선 명칭의 수크로오스 지방산에스테르는 가장 기본적이고 안전한 식품첨가물의 일종이다. 시중에서 판매하는 비스킷, 아이스크림, 초콜릿, 연유에서 모두 이것의

밥상에 관한 화학 상식

존재를 확인할 수 있다!

제작진이 발암 물질이라고 밝힌 푸마르산일나트륨은 어떨까? 이것은 오해이다. 푸마르산은 자연계에 존재하는 물질이다. 식물과 육류에 모두 존재하는 것은 물론이고 햇볕을 쐬면 인체의 피부에서도 저절로 생성된다! 소금과 물도 독성이 있는 마당에 푸마르산을 인체에 완전히 무해하다고 말할 수는 없지만 안전한 성분인 것은 확실하다.

제작진이 무슨 근거로 푸마르산을 발암 물질이라고 설명했는지 모르겠다. 비록 트랜스지방이 있는 것은 문제이지만 자연계에서 100% 좋기만 하고 100% 나쁘기만 한 것은 없다. 이제 그만 푸마르산의 억울함을 풀어 주자.

식품첨가물은 나빠!

프로그램을 보던 중 문득 예전에 인터넷에 올라온 '엉아(인터넷에서 '형'을 장난스럽게 부르는 말 – 옮긴이)가 먹은 건 비스킷이 아니라 화학 물질이었네. 원소 주기율표에 있는 화학 물질을 몽땅 털어먹었어'라는 글이 생각났다. 해당 글을 올린 누리꾼은 영어가 빽빽하게 들어찬 원소 주기율표를 이용해서 불량 제조사가 식품첨가물을 지나치게 사용한 것을 비꼬았다. 하지만 물만 마셔도 또는 100% 유기농 채소만 먹어도 원소 주기율표를 먹는 것이나 마찬가지이다. 모든 물질은 화학 물질이다. 인공적인 것이든 천연적인 것이든 과학적으로 성분을 검사하면 예외 없이 화학 물질들이 검출된다.

그렇다고 "식품첨가물은 건강에 좋으니 많이 드세요"라는 말이 아니다. 식품첨가물은 대부분 인공적으로 만든 화학 물질이고, 식품의 유통 기한을 늘리거나 풍미를 더하는 용도로 쓰인다. 그러면 한번 생각해 보자. 학생들이 방부제를 합법적으로 첨가한 밥을 먹는 것이 나을까, 세균이 번식한 쉰밥을 먹는 것이 나을까?

식품첨가물을 많이 섭취하면 건강에 해로울까? 그렇다. 내가 늘 하는 말이지만 염화나트륨(소금)과 산화수소(물)도 많이 섭취하면 중독된다! 핵심은 얼마나 어떻게 먹느냐에 있다.

식품첨가물을 대할 땐 어느 것이 피할 수 없는 필요악이고, 어느 것이 진짜 불필요한 것인지 구분해야 한다. 식품을 잘 보존하기 위해서 첨가한 세균 번식 억제 성분은 필요악이다. 부패한 음식은 방부제보다 인체에 더 나쁜 영향을 준다. 이에 반해 식품의 풍미를 더하는 색소와 인공 감미료는 피하는 것이 좋다. 이번 사건의 주인공인 VN-151과 VN-103의 효능은 세균 번식 억제 및 보존 기간의 연장이다. 물론 맛을 좋게 하는 데도 일조한다. 용도와 용량을 잘 지킨 식품첨가물은 두려워하지 않아도 된다.

식품첨가물을 어떻게 첨가하는지가 중요

기본적으로 인증 받은 식품첨가물을 권장량의 범위 안에서 사용했으면 인체에 나쁜 영향이 생길까 봐 걱정하지 않아도 된다. 물론 무엇이든 장기간 대량 섭취하면 반드시 해롭다.

이렇게 설명하면 어떤 사람들은 조금 '삐딱하게' 말한다.

"먹어도 괜찮다고? 네가 1년 동안 끼니마다 꼬박꼬박 먹어 보고 괜찮다고 말하던가!"

아이고, 정상적인 상황에서 누가 매끼 식품첨가물을 섭취하는가? 누군가는 "누적 효과를 무시할 수 없잖아요!"라고 말할 수 있다. 하루 세끼씩 120년 동안 식사하면 약 13만 끼니를 먹는다. 한데 식품첨가물을 120년 동안 13만 번 섭취해도 여전히 인체에 해로운 수준은 아니다. 식품첨가물이 몸속에 차곡차곡 쌓이면 건강이 나빠질 수 있다는 말은 실질적인 의미 없이 단지 대중을 겁주는 말에 불과하다.

이번 사건에서 주목해야 하는 점은 이것이다. 인증 받은 식품첨가물을 사용했는가? 정량을 사용했는가? 식품첨가물이 밥에 고르게 섞였는가? 식품첨가물의 원료는 식용인가, 공업용인가? 전성분표에 빠진 성분이 있는가? 유통기한이 남은 식품첨가물을 사용했는가? 식품첨가물의 보관 상태는 어떤가?

이상의 물음에 문제가 없으면 이번 사건은 먹거리 안전에 관한 문제가 아니라 기껏해야 언론의 지나친 관심과 책임 요구가 빚은 '멍청한' 폭로에 지나지 않는다. 이번 사건을 계기로 앞으로 언론은 폭로성 보도를 내보낼 때 사소한 부분을 크게 부풀려서 불필요한 공포심을 조성하지 말고 충분히 조사하기를 바란다.

글을 마무리할 때마다 자꾸 비슷한 말을 반복하는데, 식품첨가물을 먹기 싫으면 식품(食品)이 아니라 식물(食物. 먹을거리 — 옮긴이)을 드시라. 또한 활발한 신진대사를 위해서 음식을 골고루 섭취하고, 일과 휴식의 균형을 이루고, 몸을 많이 움직이고, 수분을 적당히 보충하시라. 물론 가장 중요한 것은 논리적인 태도로 모든 정보를 판단하는 것이다.

마지막으로 음식점, 뷔페에서 안심하고 흰밥을 드시길 바란다!

11

잔류 농약이
검출된
테이크아웃 음료의
독성은?

회사의 탕비실에 가면 다양한 브랜드의 커피와 차가 준비돼 있다. 불과 얼마 전까지 난 이곳에 구비된 커피와 차를 직원들이 가장 좋아한다고 생각했다. 한데 어느 날 한 직원이 말했다.

"박사님, 요즘 누가 촌스럽게 차를 직접 우려서 마셔요. 다들 테이크아웃 전문점에 간다고요!"

하지만 유명 테이크아웃 전문점의 음료에서 잔류 농약이 검출되었다는 뉴스가 24시간 내내 반복 보도된 뒤에 모두의 사랑을 한 몸에 받던 테이크아웃 음료는 순식간에 가까이하기 두려운 '독약'이 되었다. 다른 브랜드의 음료에서도 잔류 농약이 검출되었다는 뉴스가 하루가 멀다 하고 폭탄처럼 터지자 그동안 한산했던 탕비실에 직원들이 들락날락하기 시작했고, 이윽고 탕비실 커피와 차의 소비량은 수직으로 상승했다.

"박사님, 걱정이에요. 사건이 터진 브랜드에서 날마다 차를 사서 마셨는데 괜찮을까요?"

예전의 그 직원이 잔뜩 겁을 먹고 물었다. 하지만 있는 그대로의 사실보다 무지함이 공포를 더 키운다고 내가 늘 말하지 않았던가! 괜히 겁부터 먹지 말고 몇 개의 명사에 대해서 차근차근 알아보자.

농약이라고 하면 사람들의 머릿속에 두려운 이미지가 떠오른다. 농약을 마시고 자살한 사건이나 농약을 이용한 살인 사건 등이 연상되기 때문이리라. 농약은 농작물의 훼손을 감소시키는 살충제, 살비제, 살균제, 제초제 같은 물질을 통틀어 이르는 말이다.

요즘은 무독성 친환경 농약까지 출시되었다. 술, 식초, 고추냉이 스프레이처럼 일상생활에서 자주 볼 수 있는 물품도 병충을 쫓거나 죽이는 효과가 있으면 농약이라고 할 수 있다. 정리하면 농약은 종류마다 독성이 모두 다르다. 그럼 이번 농약 음료 사건의 양대 주인공인 DDT와 피프로닐은 어떤 독성이 있을까?

DDT : 과거에 초등학생들의 머리에 뿌린 살충제

DDT는 이미 오래전에 국제 연합에서 사용을 금지한 농약이다. DDT는 곤충의 신경계에 장애를 일으키지만 포유류에는 급성 독성(화학 물질을 1회 또는 반복 투여했을 때 단기간에 나타나는 독성 – 옮긴이)이 매우 낮다. DDT의 LD50$^{lethal\ dose\ 50}$(반수 치사량)은 113mg/kg이다. 너무 복잡한가? 쉽게 설명해서 체중이 50kg인 백 명의 사람들이 모여 각각 0.14ppm의 DDT가 함유된 음료를 마실 때 백 명의 반수인 50명이 죽으려면 1인당 5만 잔을 마셔야 한다.

이 정도면 DDT의 독성 때문이 아니라 배가 터질 정도로 불러서 죽은 것이라고 봐야 하지 않을까? 60년대에 민간에서는 머릿니를 잡기 위해서 학생들의 머리에 DDT를 뿌렸고, 이 학생들은 무탈하게 장성하여 어느덧 60대가 되었다. 따라서 농약 음료 사건이 일어나기 전까지 해당 음료를 5만 잔이나 마시지 않았으면 DDT에 중독되었을까 봐 걱정하지 않아도 된다.

물론 DDT의 대사 산물은 지방에 친화적인 성질이 있어서 동물의 지방에 축적되어 내분비 기관의 기능을 교란하고 암을 일으킨다. 하지만 테이크아웃 음료에서 검출된 DDT의 농도는 0.14ppm이다. 하루에 수천수만 잔을 마시는 것이 아니면 DDT의 독성에 겁먹을 필요가 없다.

그렇다면 DDT는 독성이 강하지 않은데 왜 사용이 금

지되었을까? DDT의 무서움은 생태계의 변화를 보면 알 수 있다. 포유류는 DDT 독성에 영향을 별로 받지 않지만 조류와 어류는 번식이 잘 되지 않아 결국 생태계의 균형이 심각하게 파괴되는 현상이 일어난다.

미국의 해양 생물학자인 레이첼 카슨[Rachel Carson]은 1962년에 환경 보호에 관한 명작인《침묵의 봄》을 출간했다. 이 책을 통해서 대중은 농약이 일으키는 환경오염 문제에 관심을 가지기 시작했고, 미국은 서둘러 1972년부터 농업에 DDT 사용을 금지했다.

이번 농약 음료 사건에서 DDT 중독 우려보다 더 무서운 점은 이미 40년 가까이 사용이 금지된 농약이 왜 지금 검출되었느냐이다. 농약의 해로움보다 사건을 일으킨 찻잎이 어디서 왔는지가 더 걱정된다.

피프로닐 : 바퀴벌레, 개미 전용 살충제

'세기의 독'이라고 불리는 DDT와 달리 피프로닐은 사용이 금지된 농약이 아니다. 이 때문에 언론에서 크게 주목하지 않았다. 피프로닐은 바퀴벌레, 개미 등의 곤충에게 뛰어난 효과를 자랑하는 살충제이다. 또한 발암 물질의 일종으로, 생식능력과 내분비기관에 영향을 주고 태아의 성장을 더디게 한다.

하지만 이번 농약 음료 사건에서 피프로닐의 죄명은 '잔류 기준치 초과'이다. 기준치보다 0.001ppm이 더 검출된 것이다(하하, 잠시 웃고 넘어가자!). 물론 입에 들어가는 것은 무엇이든 농약이 티끌만큼도 남아 있지 않은 것이 가장 좋다. 하지만 0.002ppm이나 0.003ppm이나 별 차이가 있는가? 언론은 고작 0.001ppm이 더 검출된 것을 가지고 야단법석을 피우며 공포심을 조장할 필요가 있을까?

피프로닐의 반수 치사량은 97mg/kg이다. 마시는 즉시 위험 상태에 빠지려면 피프로닐이 든 음료를 한 번에 2백만 잔이나 마셔야 한다. 이쯤 되면 피프로닐 중독이 문제가 아니라 배가 불러서 또는 설탕을 지나치게 많이 섭취한 나머지 살이 많이 쪄서 죽은 것으로 봐야 한다.

무지의 공포 : '농약 음료'만큼 독한 커피와 간접흡연

길거리에서 쉽게 사 마실 수 있는 음료에서 농약이 검출된 것은 매우 심각한 일이다. 언론이 관심 있게 보도하는 것은 당연하다. 하지만 TV 뉴스, 인터넷에서 관련 뉴스가 24시간 내내 폭탄 투하하듯이 쏟아지는 상황에서 소비자가 느끼는 공포는 이미 농약이 가진 독성을 훨씬 넘어섰다. 앞에서 설명한 것처럼 먹는 음식은 잔류 농약이 전혀 검출되지 않는 것이 가장 좋다. 그러면 두 농약의 독성은 어느 정도일까? 객관적인 데이터를 살펴보자.

DDT와 피프로닐의 반수 치사량은 각각 113mg/kg과 97mg/kg이다. 반수 치사량은 숫자가 적을수록 독성이 강한 것을 의미한다. 그럼 DDT, 피프로닐과 반수 치사량이 비슷하거나 낮은 물질은 어떤 것들이 있을까?

카페인의 반수 치사량은 DDT와 거의 비슷한 127mg/kg이다. 니코틴의 반수 치사량은 50mg/kg으로 DDT, 피프로닐보다 독성이 훨씬 강하다. 한 잔의 테이크아웃 음료에서 검출된 잔류 농약의 양보다 날마다 접하는 카페인과 니코틴의 양이 훨씬 더 많지만 어떤 언론도 하루 24시간 내내 이것을 경고하지 않는다. 왜일까?

글쎄, 나도 그 이유를 모르겠다. 그저 농약에 중독되어 죽기 전에 뉴스를 보고 깜짝 놀라서 죽지 않으려면 스스로 상식을 쌓아 폭탄처럼 쏟아지는 정보를 논리적으로 판단하는 방법밖에 없다.

12

독
혹설탕
사건의
교훈

〈때때로 방부제 첨가는 필요악〉편을 발표한 뒤에 많은 독자들의 피드백을 받았다. 대체로 방부제 사용을 이해한다는 의견이 많았지만, 그렇지 않은 사람들의 수도 꽤 되었다. 이들은 밥하는 것이 뭐가 그렇게 힘든 일이냐며 밥에 방부제를 넣는 것을 근본적으로 받아들이지 않았다. 또한 '방부제를 넣어도 괜찮으면 그 밥 네가 다 먹어라'라는 말도 내게 잊지 않았다.

개인적으로 화학 물질보다 더 무서운 것은 현실 상황을 비논리적이고 비이성적으로 이해하는 것이라고 생각한다. 어쩔 수 없는 상황에서(일반 가정처럼 밥을 갓 지어 먹을 상황이 아니라 몇백 명의 밥을 지어 몇 시간 뒤에 먹어야 할 때) 실제 데이터와 이성적인 분석에 근거해 정량의 인증 받은 방부제를 넣고 밥을 짓는 것은 비록 만족스럽지 않지만, 그럭저럭 받아들일 수 있는 일이다. 먹었을 때 인체에 그리 해롭지도 않다.

공포심에 신경질적으로 휩싸이지 않는 것과 식품첨가물을 많이 섭취하라고 장려하는 것은 완전히 다른 일이다. 농약 음료 사건이 일어났을 때 누구도 음료에 잔류 농약이 검출되는 것을 마땅하게 생각하지 않았고, 누구도 문제의 음료를 마시라고 부추기지 않았다. 음식에 별도로 첨가된 화학 물질이어도 정량만 섭취하면 건강에 이상이 없으므로 공연히 불안해하고 걱정할 필요가 없다.

사람들이 마땅히 관심을 가져야 하는 것은 다음과 같은 것들이다. 테이크아웃 음료의 원료는 왜 제대로 관리되지 않을까? 영양소를 골고루 섭취해야 하는 아이들의 점심 식사 예산은 왜 줄었을까? 예산이 준 탓에 식품 공장은 제때 설비를 증설하지 못했고, 그 결과 밥을 오랫동안 보존하기 위해서 방부제를 넣는 일이 일어나지 않았는가. 이것은 '양심 불량 사장', '무능한 정부'라는 간단한 말로 책임을 물어서 해결될 일이 아니다.

다음에 설명할 '아크릴아마이드 흑설탕' 사건은 사실 관계를 이해하기 전에 경솔하게 판단하면 안 되는 것을 알려주는 대표적인 예이다.

모든 흑설탕에서 발암 물질이 검출되다

예전에 시중에서 판매하는 모든 흑설탕에서 발암 물질인 아크릴아마이드가 검출되었다고 보도된 적이 있다. 이후에 얼마나 많은 사람이 공황 상태에 빠졌을지 쉽게 상상이 될 것이다. 사실 관계를 잘 모르는 사람들은 또다시 '양심 불량 사장'과 '무능한 정부'를 탓했다.

하지만 조금만 알아보면 언론의 보도가 얼마나 웃긴지 알 수 있다. 첫째, 아크릴아마이드는 인공적으로 첨가되지 않고 생산 과정에서 저절로 생긴다. 둘째, 정작 많은 양의 아크릴아마이드가 함유된 것은 흑설탕이 아니라 사람들이 일상생활에서 자주 먹는 다른 식품이다. 셋째, 아크릴아마이드를 발암 물질이라고 쉽게 단정하기는 어렵다.

아크릴아마이드가 사람 및 동물의 신경계에 장애를 일으키는 것은 사실이다. 쥐를 대상으로 한 실험에서 암을 일으키는 것으로 확인되었다. 국제암연구소IARC는 아크릴아마이드를 '2A 발암 가능성이 있는 물질'로 분류했다.

'2A 발암 가능성이 있는 물질'은 뭘까? '2A 발암 가능성이 있는 물질'이란 역학 증거가 제한적이거나 불충분한 물질, 즉 동물 실험에서 암을 일으키는 것이 증명되었고 이론적으로 인체에서도 암을 일으키는 성질이 있지만, 실험 증거는 제한적인 물질을 말한다. 쉽게 풀이하면 이미 동물의 체내에서 암을 일으키는 것이 증명되었고, 그래서 사람의 몸에서도 암을 일으킬 것으로 추정되나 증거가 충분하지 않아서 확실하게 단정할 수 없는 물질이다. 사실 많은 연구 결과에 따르면 아크릴아마이드와 암은 서로 연관성이 없다. 그 때문에 아크릴아마이드는 애매하게 '2A 발암 가능성이 있는 물질'로 분류되었다.

아크릴아마이드의 우여곡절

아크릴아마이드의 독성이 발견된 파란만장한 사연을 소개할 때 이것의 친척뻘인 폴리아크릴아마이드polyacrylamide, PAM 또는 PAAM를 빼놓을 수 없다. PAM은 (마치 포도당이 합쳐져 전분이 되는 것처럼) 아크릴아마이드가 합쳐져 만들어진 고분자이다. 물을 흡수하고 끈끈한 성질이 강해서 종이를 만들거나 하수 처리 작업이 이루어지는 산업 현장에서 유용하게 쓰인다.

자체적인 독성은 없지만 일부 아크릴아마이드가 서로 합쳐지지 않고 그대로 남아 있을 수 있어 전 세계 많은 국가에서 수중 아크릴아마이드 농도에 대한 기준을 만들었다. 하지만 아직 아크릴아마이드에 대한 음식물 첨가 기준은 만들어지지 않았다. 이유인즉 음식물에 아크릴아마이드를 직접 첨가할 일이 없어서이다.

그러면 어쩌다가 음식물에 아크릴아마이드가 들어 있

는지 검사하게 되었을까? 사연의 시작은 1997년의 스웨덴으로 거슬러 올라간다. 그 당시에 스웨덴의 한 공사팀은 터널의 누수 문제를 해결하기 위해서 대량의 PAM을 방수제로 사용했다. 한데 이것이 지하수에 흘러들어 지역의 암소들이 풀밭에 풀썩풀썩 주저앉고 물고기들이 떼죽음을 당하는 일이 벌어졌다. 그러자 스웨덴 정부는 즉각 행동에 나서서 관련 유제품을 모두 폐기하고 가축을 살처분하고 해당 지역에서 생산된 채소도 모조리 폐기했다.

"토양 오염도 모자라 지하수까지 오염시키다니, 이런 양심도 없는 놈들!"

워워, 욕하고 싶어도 잠깐 참으시라. 아직 흥미로운 뒷이야기가 남았다. 아크릴아마이드가 인체에 주는 영향을 확인하기 위해서 연구팀은 터널을 공사한 노동자들의 혈액 표본을 채취해 스웨덴의 다른 지역에 사는 사람들과 비교해 봤다. 예상대로 해당 노동자들의 혈중 아크릴아마이드 농도는 매우 높았다. 하지만 다른 지역에 사는 사람들의 혈중 아크릴아마이드 농도도 결코 낮지 않아 모두를 충격에 빠트렸다.

아크릴아마이드는 어떻게 다른 지역에 사는 사람들의 몸에 들어갔을까? 식수의 아크릴아마이드 농도가 정상인 상황에서 혈중 아크릴아마이드의 농도를 높일 수 있는 것은 단 하나, 음식이다.

연구 결과 전분이 많이 함유된 음식물을 고온에서 튀

기면 아크릴아마이드가 생성되는 것으로 밝혀졌다. 포테이토스틱과 감자칩을 자주 먹으면 혈중 아크릴아마이드 농도가 식수의 아크릴아마이드 농도보다 수백 수천 배 높아진다! 그리고 앞에서 설명한 것처럼 아크릴아마이드는 '2A 발암 가능성이 있는 물질'이다.

2002년에 스웨덴 정부가 발표한 이 사실이 언론에 보도된 뒤에 사람들은 아크릴아마이드의 농도가 높은 식품을 섭취하면 암에 걸린다고 생각하게 되었다. 식품 업계 종사자들은 순식간에 양심 없는 사람들이 되었고 독성이 있는 아크릴아마이드가 식품에서 검출된 것에 대한 비난이 쏟아졌다.

이야기는 아직 끝나지 않았다. 식품 업계는 지속적인 연구 끝에 식물에 있는 아미노산인 아스파라긴과 환원당(포도당, 과당, 유당, 맥아당)을 함께 가열하면 마이야르 반응Maillard reaction이 일어나고 아크릴아마이드가 생성되는 것을 발견했다.

"마이야르 반응이 원인인 것을 알았으니, 이제 욕해도 됩니까?"

아직 이르다. 마이야르 반응이 뭔지 아는가? 음식물을 가열하는 과정에서 겉면이 갈색이 되거나 검게 변하며 구수한 맛을 내는 반응이다. 이렇게 이해하면 쉽다. 집에서 고기나 생선을 구울 때 겉이 살짝 타고 맛있는 냄새가 진동하는 것은 마이야르 반응의 결과이다. 고기를 구울 때 고소한 냄새가 나고 계란볶음밥이 맛있는 것은 모두 마이야르 반응 때문이다. 거창하게 표현하면 인류가 불을 이용해서 음식을 익혀 먹을 때부터 마이야르 반응은 줄곧 존재했다. 음식을 가열할 때 일어나는 색깔·향기·맛의 변화는 모두 마이야르 반응과 관계있다.

흑설탕에서 아크릴아마이드가 검출된 것은 사탕수수 즙을 가열하는 과정에서 마이야르 반응이 일어났기 때문이다. 흑설탕 고유의 달콤한 풍미와 함께 아크릴아마이드가 생성된 것이다. 포테이토스틱, 감자칩, 구운 아몬드, 채소 볶음 등도 마이야르 반응을 통해서 아크릴아마이드를 생성한다. 사실 관계를 알고 나니 흑설탕이 그동안 억울한 누명을 썼다고 생각되지 않는가?

물론 식품 업계도 맥을 놓고 있지 않았다. 흑설탕을 가공 처리하는 온도를 낮추고, 효소 분해 성분을 첨가해 아스파라긴의 양을 떨어트리고, 염화칼슘·염화마그네슘 등의 물질을 첨가해 마이야르 반응을 억제하는 등 흑설탕을 만드는 과정에서 아크릴아마이드의 생성을 감소시키는 무수한 방법을 개발해냈다.

한데 아크릴아마이드를 둘러싸고 일어난 모든 일 중에서 가장 흥미로운 일이 곧 일어났다. 2003년부터 전 세계의 유명 연구기관에서 아크릴아마이드와 암의 연관성을 연구한 결과, 연관이 거의 없는 것이 밝혀진 것이다. 쉽게 설명해서 아크릴아마이드는 좋은 물질은 아니다(신경계에 장애를 일으키는 독성이 있고, 동물의 체내에서 암을 일으킨다).
하지만 아직 인류는 아크릴아마이드가 인체에 얼마나 해로
운지, 또 인체에서 암을 일으키는지를 확실하게 모른다.

아크릴아마이드 소동의 의의

첫째, 사실 관계를 낱낱이 따지는 것은 중요하다. 내용을
자세히 알아보지도 않은 채 크게 부풀려진 내용에 휘둘려
도 안 되고 기사의 제목만 읽고 성급히 비난해도 안 된다.

　둘째, 모든 잘못을 누군가가 고의적으로 저질렀을 것이
라고 생각하지 말고, 무조건 천연적인 것을 가장 건강하다
고 생각하지 않는다. 불을 이용해서 흑설탕을 제조하는 것
은 예나 지금이나 똑같다. 또한 음식을 불에 구워 먹는 것
은 인류 문명의 상징이다. 천연적인 방법으로 흑설탕을 만
들어도 아크릴아마이드가 생기는 것이 '악덕 상인'의 잘못
인가?

　분명히 이렇게 묻는 사람들이 있다.

　"박사님, 그래서 아크릴아마이드에 독성이 있다는 겁니
까, 없다는 겁니까? 흑설탕을 먹어도 된다는 거예요, 뭐예
요? 포테이토스틱, 감자칩은 손도 대면 안 됩니까?"

　글쎄, 굳이 대답하면 이렇다.

　"확실히 아크릴아마이드는 신경계에 장애를 일으킵니

다. 실험 결과, 동물의 체내에서는 암을 일으키는 것이 확인되었어요. 하지만 인체에서도 똑같이 문제를 일으키는지는 아직 확실하게 알 수 없습니다."

왠지 이렇게 답변하면 이런 피드백이 올 것 같다.

"치, 박사님이 모르면 누가 알아요? 그러면 날마다 아크릴아마이드를 한 통씩 직접 먹어 보고 어떤지 알려주세요!"

허허! 흑설탕에 독성이 있는지, 포테이토스틱을 먹어도 되는지에 매달리지 말고 자신의 식습관이 어떤지 생각해 보자. 혹시 끼니마다 흑설탕, 포테이토스틱, 감자칩을 먹는가? 만약에 그렇지 않으면 아크릴아마이드를 걱정할 필요가 없다. 아크릴아마이드가 두려워서 디저트, 튀김, 구이 요리를 덜 먹고 채소와 과일을 많이 섭취하는 것은 좋은 일이다.

하지만 굳이 아크릴아마이드 때문이 아니어도 디저트, 튀김, 구이 요리를 많이 먹으면 건강에 나쁘다. 아크릴아마이드와 암은 서로 연관성이 없지만 디저트, 튀김, 구이 요리가 건강에 좋지 않다고 명확하게 지목하는 내용의 연구 결과는 매우 많다.

지식은 자신을 보호하는 최고의 힘이다. 하지만 어설프게 아는 지식으로 사실 관계를 단정하는 것은 바람직하지 않다.

13 '인산염 새우'는
네 마리만 먹어도
신장이
망가진다?

얼마 전에 내 이목을 끄는 뉴스가 보도되었다.

"새우 수조에 인산염 투하 지나쳐. 과도한 양 섭취 시 신장 투석해야…"

이것이 내 주의를 끈 것은 심각한 사건임은 분명하나 새삼스럽지 않은 오래된 뉴스였기 때문이다! 못 믿겠으면 구글에 들어가 검색해 보시라. 한때 인산염을 먹인 새우가 소매로 판매되어 세상이 시끌시끌했던 적이 있는데, 그때의 뉴스를 재탕한 것이다.

"박사님, 신장이 망가진다잖아요! 어떻게 사람이 먹는 음식에 백색의 화학 가루를 넣을 수 있죠? 이런 양심도 없는 악덕 상인들 같으니라고!"

아마 많은 사람이 이와 같은 생각을 해서 격분하는 것이리라. 신선 식품에 근본적으로 첨가하면 안 되는 인산염을 첨가하다니, 솔직히 나도 화가 난다. 하지만 화가 난다고 해서 사건의 핵심을 놓쳐서야 되겠는가? 인산염에 관해서 먼저 몇 가지 알아보자.

인산염은 독성이 없는 매우 안전한 식품첨가물이다

"박사님, 지금 농담하시는 거죠?"

농담이 아니다. 못 믿겠으면 직접 찾아보시라. 비스킷, 밀가루, 국수, 소시지, 미트볼 등 거의 모든 식품에 인산염이 들어 있다.

독성이 없고 쉽게 사용할 수 있기 때문에 문제가 더 심각하다

독성은 없지만 문젯거리이다? 사실 인산염은 사람들에게 사랑을 받고 광범위하게 사용되다가 문젯거리가 생겨 결국 미움을 받는 신세로 전락한 점에서 트랜스지방과 묘하게 닮았다. 그러면 인산염이 뭔지 자세히 알아보자!

인산염은 뭘까?

생화학을 공부한 사람은 인산염이라는 단어를 들으면 무의식적으로 '버퍼buffer(완충제 역할을 하는 것을 의미 - 옮긴이)'를 떠올릴 것이다. 그렇다. 사실 인산염은 생물의 체내에서 pH 지수의 균형을 맞추는 완충제이다. 내 몸속에도, 독자들의 몸속에도, 해산물·돼지·소·양고기에도 모두 들어 있다. 단백질이 있는 곳이면 어디서나 인산염이 검출된다.

뉴스에 보도된 "시장에서 구입한 7개의 새우 샘플에서 모두 인산염이 검출되었다. 100%의 확률이다"라는 말은 어폐가 있다. 검출된 농도를 보면 인산염이 추가로 첨가된 것이 확실하나 따로 첨가하지 않아도 인산염은 검출될 수 있다. 생물의 체내에 가장 풍부하게 함유된 소금류 중 하나이기 때문에 인산염은 기본적으로 독성이 없다고 말하는 것이다.

인산염은 광범위하게 사용되는 합법적인 식품첨가물이다. 인산염의 존재는 많은 식품에서 발견할 수 있다. 예컨대 빵, 비스킷 등의 베이커리 식품에 사용되는 팽창제에도 인산염이 들어가고, 국수와 라면에 첨가되는 개량제에도 인산염이 들어가 방부제 역할을 한다.

특히 국수와 라면은 인산염 덕분에 물에 넣고 삶을 수 있다. 우유, 치즈 등 유제품에 첨가된 인산염은 유즙 단백질, 지방, 물이 서로 분리되는 것을 막는가 하면 소시지, 핫

도그, 미트볼 같은 다진 고기로 만든 식품에 첨가된 인산염은 수분 보유력과 접착성을 높이고, 식품의 형태를 유지하고, 얇게 잘리게 하는 작용을 한다.

인산염의 위해성

인산염이 이렇게 좋은 물질이면 왜 새우에서 검출되었을 때 뉴스에 보도되었을까?

사람들이 자신도 모르는 사이에 지나치게 많은 양의 인산염을 섭취해서이다. 인산염은 독성이 없다. 하지만 지나치게 많은 양을 섭취하면 첫째, 칼슘 이온이 잘 흡수되지 않아 골밀도가 떨어지고 둘째, 신장에 부담을 줘 장기적으로 섭취했을 때 신장 기능에 문제가 생길 수 있다.

그럼 지나치게 많은 양은 어느 정도를 의미할까? 팽창제, 식품 개량제, (앞에서 설명한 것처럼 소시지, 미트볼 등의 다진 고기 제품에 사용되는) 접착제와 같은 인산염류는 육류나 생선을 제조하고 가공할 때 사용할 수 있다.

인산의 경우에 제품 1kg당 3g, 즉 3,000mg을 초과해서 사용하면 안 된다. 소시지로 예를 들면 시중에서 판매하는 소시지의 무게는 개당 50g 정도이다. 따라서 별도로 인산염을 첨가할 때 최대 150mg까지 사용할 수 있지만, 일반적으로 이렇게 많은 양을 사용하지 않고 30mg 정도만 첨가한다.

그러면 인산염의 정상적인 섭취량은 얼마일까? 현재 미국과 유럽 연합이 규정한 1일 최대 섭취량은 체중 1kg당 70mg이다. 다시 말해서 체중이 65kg인 사람은 하루에 최대 4,550mg까지, 단순히 인산염의 무게만 놓고 따질 때 최대 150개의 소시지를 먹어도 된다.

"에이, 박사님. 소시지를 하루에 150개나 먹는 사람이 어디 있어요. 인산염 섭취가 생각보다 심각한 문제는 아닌 것 같은데요?"

이렇게 생각하면 큰 착각이다! 사람들은 식품첨가물 형태로만 인산염을 섭취하지 않는다. 모든 육류 단백질에는 인산염이 들어 있어서 고기를 먹으면 저절로 인산염을 섭취한다. 더욱이 1kg당 70mg은 상한선이다. 날마다 인산염을 최대 용량으로 섭취해서 건강에 좋을 것이 없다.

건강을 생각하면 인산염은 하루에 최대 2,500mg까지 섭취하는 것이 좋은데, 성인 1인이 하루에 정상적인 식사를 통해서 섭취할 수 있는 인산염의 양은 약 1,000~1,500mg이다. 식사를 제외하고 식품첨가물을 통해서 인산염을 추가로 섭취할 수 있는 여유분은 약 1,000mg이며, 이것은 소시지 한 개에 30mg의 인산염이 첨가되었다고 가정할 때 약 30개에 해당하는 양이다.

이제 심각성이 느껴지는가? 이것이 내가 새우 한 마리에서 280mg의 인산염이 검출되었다는 뉴스를 봤을 때 화가 난 이유이다. 점심시간에 먹은 새우볶음밥에 새우가 네 마리만 들어 있어도 1일 섭취량을 초과한다! 만에 하나 신장 기능이 약한 어린아이나 노인이 먹으면 어떻게 될까? 보나마나 큰 피해를 입을 것이다.

신선 식품은 근본적으로 인산염을 첨가할 필요가 없다. 인산염을 첨가하면 소비자들이 새우의 신선도를 제대로 파악할 수 없을 뿐더러 새우가 물을 많이 흡수한 탓에 그만큼의 무게가 나가 상인들의 배만 불린다. 자신의 이익을 위해서 소비자의 건강을 해치는 일부 상인들의 행태에 화가 안 날 수 있는가?

정상적인 새우와 인산염을 먹인 새우는 어떻게 구분할까?

하지만 문제는 사람들이 통통하게 살이 오르고 튀겼을 때 바삭한 식감을 즐길 수 있는 새우를 좋아하는 것이다. 시장의 어느 한 상점에서 새우에 인산염을 먹여 팔기 시작하면 상대적으로 새우의 크기가 작아서 장사가 잘 안 되는 다른 상점들도 덩달아 새우 수조에 인산염을 타기 시작한다.

이렇게 상인들이 너 나 할 것 없이 새우 수조에 인산염을 넣는 것이 '정상'이 되면 결국 해산물 도매상은 누가 뭐라고 하든 말든 간에 상인들에게 인산염을 먹인 새우를 판매할 수밖에 없다. 툭 까놓고 말하면 새우는 일단 커야 하

고 튀겼을 때 바삭해야 제맛이라고 생각하는 소비자들의
잘못된 기대를 탓해야 한다.

안타깝게도 실험실에서 성분 검사를 하지 않는 이상
겉만 보고 인산염을 먹인 새우와 그렇지 않은 새우를 구분
할 방법은 없다. 하지만 단 한 가지, 새우튀김의 식감이 부
자연스러울 정도로 바삭하면 인산염에 '중독'된 새우에 '당
첨'되었을 확률이 높다. 제아무리 신선한 새우라도 익혀서
쟁반에 놓았을 때 탱탱볼처럼 통통 튀어오르지 않는다. 새
우를 조금 더 안심하고 먹는 방법은 대가리와 꼬리가 온전
히 다 있는 채로 사서 집에서 직접 요리해 먹는 것이다.

안전에 관한 재래시장의 허점

요리를 좀 하는 사람들은 재래시장에서 식재료를 사는 것
을 좋아한다. 뭐니 뭐니 해도 최고의 맛은 신선한 재료에서
나오기 때문이다. 재래시장의 매대에 가지런히 진열된 식
재료는 산지에서 갓 직송되어 사람들에게 신선한 느낌을
준다. 실제로 재래시장에서 판매하는 채소와 과일은 매우
신선하다. 하지만 각종 고기나 상인 개개인이 자체적으로
가공한 식품은 주의할 필요가 있다.

맛있는 음식을 먹는 것은 좋지만 건강에 영향을 줄 수
있는 식재료를 구입할 땐 믿을 만한 곳에서 사야 한다. 왜

상인들이 새우 수조에 인산염을 탈까? 소비자들이 통통하게 살이 오르고, 튀겼을 때 바삭한 새우가 최고라고 생각하기 때문이다.

상인들이 불법인 것을 알면서도 불량 식품을 만드는 것은 명백한 잘못이다. 하지만 어찌 되었든 간에 인산염을 먹인 새우라는 '괴물'을 만든 것은 음식에 대한 대중의 잘못된 기대와 욕망이 한몫했다.

개인적으로 '인산염 새우' 사건이 '방부제 밥'이나 '농약 음료' 사건보다 더 문제라고 생각한다. 새우는 통통하게 살이 오르고 튀겼을 때 바삭한 것이 당연하다고 생각하는 사람이 많지 않은가. 하루에 단 네 마리만 먹어도 인산염의 하루 섭취량을 초과하는 새우는 트랜스지방만큼 위험한 물질이다. 아니, 몇만 잔을 마셔야 인체에 이상이 생기는 '농약 음료'보다 더 위험하다고 할 수 있다.

건강에 큰 영향을 주는 식품 관련 뉴스는 제목만 보거나 인터넷에 떠도는 소문만 믿고 흥분하면 안 된다. 지식과 이성에 근거해서 판단해야 한다. 새우는 튀겼을 때 바삭한 것이 최고라고 맹목적으로 생각하는 것은 바람직하지 않다.

올리브
오일의
비밀
대공개

"포마스 올리브유가 뭐예요? 그냥 올리브유와 어떤 차이점
이 있죠? 몸에 해롭나요?"

　"박사님, 퓨어 올리브유와 엑스트라 버진 올리브유 중
에서 어느 것에 더 좋은 성분이 많아요? 왜 파는 사람마다
말이 다르죠?"

　올리브유는 종류가 다양해서 많은 사람이 용도에 맞는
것을 선택할 때 어려움을 겪는다. 하지만 어찌 되었든 간
에 최근 몇 년 사이에 분 웰빙 푸드 바람을 타고 사람들이
가장 선호하는 건강한 식용유가 되었다. 그렇다면 올리브
유의 등급은 어떻게 나눌까? 유명 식품 회사에서 판매하는

'포마스 올리브유'는 뭘까? 한번 자세히 알아보자!

올리브유의 등급은 어떻게 나눌까?

올리브유를 구매할 때 '엑스트라 버진', '버진', '퓨어', '포마스' 등 유리병에 표기된 각종 등급 표시를 본 적이 있을 것이다. 이들 올리브유의 등급은 어떻게 나누어질까?

올리브유는 포도주처럼 나름의 등급 체계가 있다. 전문적인 감별사가 올리브유를 맛보고 변질 여부를 확인한 뒤에 올리브의 등급, 오일의 추출 방식, 가공 여부에 따라서 최종 등급을 나눈다.

올리브도 등급이 있다?

과일도 품종, 당도에 따라서 등급을 나누는 것처럼 올리브도 등급을 나눈다. 오일을 추출할 수 있는 올리브는 약 6백여 종이며, 품종, 토양, 기후, 수확 시기 및 열매의 상태, 껍질의 유무에 따라서 오일의 등급이 달라진다. 따라서 올리브유의 등급을 나누는 첫 번째 기준은 올리브의 등급이다.

올리브유의 추출 방식

버진 올리브유라. 명칭을 듣기만 해도 건강해지는 기분이
드는 이것은 올리브유를 추출하는 가장 전통적인 방식이
다. 올리브를 압착하면 으깨진 올리브에서 즙과 오일이 흘
러나오는데, 이렇게 첫 번째로 추출한 것을 '버진'이라고
부르고 버진 중에서도 실온에서(유럽 연합이 규정한 실온은
27℃ 이하이다) 압착한 것을 '엑스트라 버진 올리브유'라고
부른다. 압착 방식 외에 경우에 따라서 유기용제를 이용해
올리브유를 추출하기도 한다.

"뭐라고요? 유기용제를 쓴다고요?"

그렇다. 사실 압착 과정에서 흘러나온 오일 외에 으깨
진 올리브에도 미처 추출하지 못한 오일이 남아 있다. 이때
유기용제를 사용하면 이 오일을 마저 추출할 수 있는데, 이
렇게 추출한 오일을 가열해서 유기용제를 제거하면 순수
한 올리브유만 남는다.

"박사님, 포마스 올리브유도 있던데, 이건 어떻게 만들
어요? 특별히 엄선한 올리브만 쓰나요?"

하하! 잘못 이해하고 있다. 이른바 '포마스'는 정제된
것을 가리킨다. 천연 상태의 올리브유나 식물에서 추출한
식용유는 원료에 따라서 빛깔, 냄새, 기타 불순물의 함량이
모두 다르다. 이 때문에 생산자는 소비자가 항상 같은 품질
의 상품을 구입할 수 있게 가열, 저압 추출, 여과, 유기용제

사용 등의 방식을 통해서 천연 상태의 오일을 탈색·탈취하고 유리 지방산과 천연 불순물을 제거한다. 또한 고온에서도 사용할 수 있게 올리브유에 수소를 통과시켜 불포화지방산을 포화지방산으로 바꾸는데, 이렇게 '후가공' 처리를 하는 것이 이른바 '포마스' 즉 '정제'이다.

시중에서 판매하는 올리브유

올리브유의 배경지식에 대한 조사는 이쯤에서 마치고 이제 시중에서 판매하는 올리브유의 등급에 대해서 알아보자. 사실 올리브유의 등급 기준은 국가와 지역마다 조금씩 차이가 있다. 국제올리브협회^{International Olive Council}는 총 7등급, 아홉 종류로 나눈다.

1. 엑스트라 버진 올리브유^{Extra virgin olive oil}

최고 등급의 올리브유. 깨끗이 세척한 올리브를 실온에서 순전히 물리적인 방식으로 처음 압착해서 얻은 올리브유다. 산도는 0.8 미만이다. 단어가 나온 김에 설명하면 산도는 오일에 함유된 유리 지방산의 양을 가리키는데, 유리 지방산은 트리글리세라이드가 분해되어 형성된 물질이다. 쉽게 설명해서 산도가 지나치게 높은 오일은 산화되어 질이 떨어지지만 그렇다고 산도가 낮을수록 신선하고 천연적인 것을 의미하지 않는다. 천연 식물에서 추출한 오일에 유리 지방산이 일정 비율 함유돼 있는 것은 정상적인 현상이며, 유리 지방산은 정제 과정을 통해서 제거할 수 있다. 따라서 산도에 집착하지 않고 용도에 적합한 것을 구입하면 된다.

2. 버진 올리브유 Virgin olive oil

엑스트라 버진 올리브유와 같이 실온에서 순전히 물리적인 방식으로 압착해서 얻은 오일이다. 산도는 2.0 미만이고, 식용유로 판매할 수 있다.

3. 일반 버진 올리브유 Ordinary virgin olive oil

만드는 방법은 위의 두 오일과 같고, 산도는 3.3 미만이다. 일부 국가나 지역에서 이 오일은 식용유로 판매할 수 없으며, 식용유로 판매하려면 정제 과정을 거쳐야 한다.

4. 람판테 올리브유 Virgin olive oil not fit for consumption/Lampante virgin olive oil

산도가 3.3 이상인 버진 올리브 오일. 정제 과정을 거친 뒤에 식용이나 공업용 오일로 쓸 수 있지만 일반적으로 식용으로 권장되지 않는다.

이상의 4종은 '버진 올리브 오일'이다. 많은 사람이 아는 것처럼 엑스트라 버진 올리브유와 버진 올리브유는 정제하지 않고 바로 먹을 수 있다.

5. 정제 올리브유^{Refined olive oil}

일반 버진 올리브유와 람판테 올리브유를 정제한 것으로, 산도는 0.3 미만이다. 정제 올리브유는 단독으로 쓰지 않고 다른 오일과 혼합해서 쓴다.

"다른 오일과 혼합해서 쓴다고요?"

워워, 서두르지 마시라. 아직 소개해야 하는 올리브유가 더 있다.

6. 올리브유 또는 퓨어 올리브유^{Olive oil}

간단하게, 5번 오일과 2번 오일을 섞은 것이다. 퓨어 올리브유는 정제 올리브유와 버진 올리브유를 섞어 풍미를 더한 식용유이다. 산도는 1.0 미만이다. 이제 '혼합유'의 의미를 이해했는가? '퓨어 올리브유'는 제조사가 작명한 이름인데 이렇게 이름을 지은 주된 이유는 정제 과정을 거쳤기 때문이다. 버진 올리브유에 비해 천연 불순물이 확실히 적은 점을 마케팅 포인트로 삼았다. 하지만 퓨어 올리브유는 혼합유인 점에서 사람들이 생각하는 것처럼 별로 '퓨어^{pure}'하지 않다.

7. 포마스 올리브유^{Olive pomace oil}

압착되어 으깨진 올리브를 포마스^{pomace}라고 부른다. 압착 과정을 통해서 오일을 추출해도 으깨진 올리브에는 여전히 오일이 남아 있는데, 이것을 유기용제(대체로 헥산을 많이 사용한다)를 이용해 추출한 뒤에 가열해서 헥산을 제거하면 포마스 올리브유가 된다. 포마스 올리브유는 다시 3등급으로 세분된다.

7-1. 크루드 포마스 올리브유 Crude Olive-Pomace Oil

유기용제를 이용해서 추출했으나 아직 정제하지 않은 포마스 올리브유.

7-2. 정제 포마스 올리브유 Refined olive pomace oil

크루드 포마스 올리브유를 탈취·탈색·여과하고 다시 유리 지방산을 제거한 포마스 올리브유. 산도는 0.3 미만이다. 일부 국가에서 이 오일은 식용으로 판매할 수 없다.

7-3. 포마스 올리브유 Olive pomace oil

크루드 포마스 올리브유와 정제 포마스 올리브유를 혼합한 오일에 버진 올리브유를 섞어 풍미한 더한 오일. 산도는 1.0 미만이다. 이 오일은 각국과 지역의 식품 안전 규정에 부합하면 식용으로 판매할 수 있다.

"박사님. 왜 엑스트라 라이트 올리브유 Extra light olive oil 는 빼놓으세요?"

엑스트라 라이트 올리브유는 정제 올리브유와 버진 올리브유를 혼합한 것이다. 단, 버진 올리브유의 비율이 낮아 빛깔과 맛은 매우 연하다.

어느 것이 좋은 올리브유일까?

7개 등급의 올리브유 중에서 어느 것이 좋고, 어느 것이 나쁠까? 솔직히 용도 및 맛 선호도에 따라서 판단은 달라질 수 있다. 인공적이지 않은 천연, 유기농을 추구하는 사람은 당연히 엑스트라 버진 올리브유를 최고로 칠 것이지만 치킨 사업 등 요식업에 종사하는 사람은 퓨어 올리브유가 더없이 좋을 것이다. 사실 천연, 유기농에 특별히 집착하지 않고 요리할 때 사용하지 않을 것이면 포마스 올리브유를 이용해서 비누를 만들면 좋은데, 버진 올리브유보다 포마스 올리브유를 이용하면 비누가 더 잘 굳는다.

"근본적으로 차이가 없다는 말씀인가요?"

그렇지 않다. 내 칼럼을 자주 읽는 독자는 내가 이런 부류의 문제를 얼마나 단순하게 대하는지 잘 알 것이다.

사용자는 어떤 올리브유가 필요한지 명확하게 생각한다

100%의 순수하고 천연적인 올리브유를 원할 때 유일하게 선택할 수 있는 것은 엑스트라 버진 올리브유다. 이른바 '퓨어 올리브유'는 해당 사항이 없다. 정제 과정을 거치기 때문에 생각처럼 순수하고 천연적이지 않기 때문이다. 오일에 유기용제가 약간 남아 있는 포마스 올리브유는 말할 것도 없다. 하지만 천연, 유기농이 아니어도 괜찮고, 그냥 올리브유이기만 하면 된다고 생각하는 사람에게 식용으로 쓸 수 있는 퓨어 올리브유는 좋은 선택이 될 것이다.

제조사는 어떤 오일을 판매하는지 명확하게 밝힌다

소비자에게 올리브유는 천연적이고 건강한 이미지가 있다. 올리브유 중에서 가장 천연적이고 건강한 것은 단연 버진 올리브유다. 물론 퓨어 올리브유, 정제 올리브유도 좋지만 100% 천연은 아니다. 같은 원리로, 포마스 올리브유는 비록 수제 비누 같은 일상용품을 만드는 것에 적합하지만 100% 천연, 100% 유기농이 아니므로 마치 그런 것인 양 광고하면 안 된다.

　앞으로 상점에 죽 진열된 많은 올리브유 중에서 높은 등급의 올리브유를 선택하고 싶을 땐 반드시 제품의 국문명뿐 아니라 영문명도 함께 확인하길 바란다. 생산자는 진실함을 상책으로 삼아야 할 것이다. 하위 등급의 제품을 최고급 등급의 제품으로 둔갑시켜선 결코 장수하는 브랜드가 될 수 없다.

15

에리소르빈산
나트륨은
뭘까?

다음은 독자에게 받은 이메일의 내용 중 일부를 발췌한 것
이다.

"병에 든 한 브랜드의 홍차를 마시다가 무의식중에 성
분표에서 '에리소르빈산 나트륨'이라는 조금 무서운 이름
의 화학 물질을 발견했어요. 왜 제조사는 이런 화학 물질을
첨가할까요? 꼭 넣어야 하는 물질인가요?"

편의점에 가면 캔 음료수, 도시락, 라면 등 눈이 모자랄
정도로 많은 식품이 있다. 하지만 이들 식품은 산지에서 직
송되는 신선 식품이 아닌지라 불가피하게 식품첨가물을
넣을 수밖에 없다. 방부제는 크게 아래 네 개의 목적을 위

해서 식품에 첨가된다.

1) 식품이 변질하는 것을 막고 유통 기한을 늘린다.
2) 천연 식재료를 대신해서 원가를 절감한다.
3) 색, 냄새, 맛을 높인다.
4) 식감이 좋게 음식의 질감을 바꾼다.

가공식품, 음료, 간식 등 시중에서 판매하는 거의 모든 식품에는 식품첨가물이 들어 있다. 하지만 무시무시한 이름을 가졌다고 해서 반드시 위험한 성분은 아니다. 외려 평범한 이름을 가진 성분들이 문제를 일으킬 때가 있다! 내가 편의점에서 자주 구입하는 가공식품의 식품첨가물을 한번 정리해 봤다.

인스턴트 라면에 첨가되는 탄산칼륨, 폴리인산, 탄산나트륨

탄산칼륨, 폴리인산, 탄산나트륨은 면 기능 개량제이다. 면발을 부드럽게 하거나 탄력 있게 만드는 등 식감을 개선하는 용도로 식품에 자주 첨가된다. 기본적으로 염류에 속해서 인스턴트 라면을 백 봉지씩 한 번에 끓여 먹지 않는 이상 (만약에 한 번에 백 봉지 이상 먹으면 염분 중독이 아니라 숨을 못 쉴 정도로 배가 불러서 죽고 싶을 것이다) 먹었을 때 즉각적인 독성은 없다.

인스턴트 라면에 첨가되는 비타민 E

축하한다! 하루에 한 알씩 약병에서 꺼내어 먹는 것과 똑같은 비타민 E이다. 비타민 E는 식품의 산화와 변질을 방지하고 먹어도 위험하지 않은 매우 안전한 식품첨가물이다.

인스턴트 라면에 첨가되는 육류 정분

육류 정분에 들어 있을 만한 것은 다 들어 있어도 고기는 들어 있지 않다고 감히 장담할 수 있다. 이른바 육류 정분은 쉽게 설명하면 식품에 고기 맛을 내는 '고기 맛 조미료'이다. 제조사마다 제조 방법은 조금씩 다르지만 인공 조미료인 점은 똑같다. 각각 사용하는 합성 조미료가 달라서 '육류 정분'이라는 명칭만 봐서는 도대체 그 안에 어떤 물질이 들어 있는지 알 수 없지만 대부분 나트륨 함량이 높아서 많이 먹으면 신장에 부담이 된다.

음료에 첨가되는 아스코르브산 나트륨, 에리소르빈산 나트륨

모두 항산화 기능이 있는 물질이다. 아스코르브산 나트륨은 비타민 C이고, 에리소르빈산 나트륨은 아스코르브산 나트륨보다 산화 방지 기능이 더 강한 비타민 C의 이성체이다. 두 성분 모두 이름은 무시무시하지만 기본적으로 안전한 물질이니 걱정하지 않아도 된다.

유제품, 초콜릿 음료 등에 첨가되는 카르복시 메틸 셀룰로오스

인공적인 과정을 거친 비타민이다. 음료의 점성을 높여서 마실 때 목 넘김을 좋게 하며, 음료가 걸쭉해져 마치 재료를 아끼지 않고 만든 것 같은 착각을 일으킨다. 아스코르브산 나트륨처럼 이름은 무시무시하지만 기본적으로 안전한 식품첨가물이다.

인스턴트 라면과 푸딩에 첨가되는 지방산글리세라이드

비록 '산'이라는 단어가 들어가지만 사실은 지방이다. 유화제로 사용되는 안전한 식품첨가물이다.

인스턴트 라면, 음료, 간식 등 대부분 가공식품에 첨가되는 색소

음식물을 먹음직스럽게 물들이는 색소는 거의 모든 식품에서 발견할 수 있는 식품첨가물이다. 식용 색소는 천연 색소와 인공 색소로 나뉘며 색깔을 물들이는 목적으로 쓰인다.

색소는 안전할까? 이 문제는 여전히 논쟁 중이지만 많이 섭취하지 않으면 크게 문제될 것은 없다. 물론 굳이 먹을 필요는 없다. 색소를 이용해서 음식물을 맛깔스럽게 물들이면 생산자는 판매가 잘 되어 좋지만, 먹는 사람에게는 전혀 도움이 되지 않는다.

과일 주스, 차 음료에 첨가되는 농축액, 천연 추출물

솔직히 이들 성분은 모두 과일, 찻잎에서 추출한 것이라서 크게 문제되지 않는다. 하지만 몇 가지 측면에서, 예컨대 방부제가 첨가되었는지, 원료의 등급은 신선한지, 유통 기한이 지나서 빨리 부패할 위험이 있는지 꼼꼼하게 살필 필요가 있다. 나는 친구들에게 차를 마시고 싶으면 직접 우려서 마시고 과일 주스를 마시고 싶으면 직접 착즙해서 마시라고 말한다. 부득이한 경우가 아니면 난 병에 포장되어 판매되는 음료를 마시지 않는다. 설령 마셔도 '진짜 차 맛은 이렇지 않아', '이건 진짜 주스 맛이 아니야'라고 생각한다.

음료에 첨가되는 염화칼륨, 염화마그네슘, 탄산수소나트륨, 젖산칼슘

음료에 첨가되는 염류는 수소 이온 농도와 이온 강도를 조절하는 역할을 한다. 명칭은 '화학'적이지만 매우 안전한 식품첨가물이다.

가공식품에 첨가되는 인공 향료, 조미료, 유화제, 천연 향료

솔직히 전성분표에 성분의 명칭만 표기하고 이들 성분이 어떤 작용을 하는지 명확하게 설명하지 않는 것은 매우 무책임하다. 성분의 명칭만 죽 나열된 원인은 크게 두 가지이다. 첨가되는 성분이 너무 많아서 다 표기하기에는 복잡한 것이 첫 번째 이유이고, 비록 합법적인 성분이지만 명칭만 봐도 인공적으로 합성한 티가 나서 소비자를 놀라게 하지 않기 위해 아예 표기하지 않는 것이 두 번째 이유이다.

이 때문에 제조사가 전성분표를 대충 표기해 놓았다면 내용물을 의심할 필요가 있다.

사탕, 과당, 맥아당

"에이, 박사님. 이건 설명 안 하셔도 돼요. 전부 설탕이 잖아요."

이렇게 생각하는 사람이 많으리라. 사실 음료수가 건강에 해로운 주요 원인은 당분이 지나치게 많아서이다. 아무 생각 없이 홀짝홀짝 마신 것이 누적되면 사람들이 가장 두려워하는 비만과 당뇨병에 걸릴 수 있다!

지금까지 식품의 전성분표에 표기된 화학 명칭을 보고 겁을 먹지 않기를 바라는 마음에서 식품첨가물에 대해서 알아봤다. 마지막으로 한 번 더 정리하면 이렇다.

1) 실험실에서 사용할 것 같은 무시무시한 이름을 가졌다고 해서 반드시 몸에 해로운 성분이 아니다.
2) 두루뭉술하게 표기된 전성분표가 가장 문제다.
3) 색소와 인공 향료는 쉽게 식별할 수 있으니 가능한 한 멀리하자.

건강을 위해서 내가 먹는 식품에 어떤 성분이 첨가되었는지 전성분표를 꼭 확인하자!

Part 2.

세안과 목욕에 관한 화학 상식

16

차가운 물로
씻으면
피부가
팽팽해질까?

예전에 실제 나이보다 훨씬 어려 보이는 어느 여배우가 사계절 내내 찬물로 세안하는 것이 자신의 동안 피부 비결이라고 공개한 적이 있다. 추운 겨울에도 찬물로 세안하면 피부가 촉촉하고 매끈해진다는 게 그녀의 설명이었다. 회사의 인턴 직원이 어디서 이 말을 듣고 내게 물었다.

"박사님, 이게 사실이에요? 따뜻한 물로 샤워하는 김에 그냥 얼굴까지 닦으면 안 돼요? 세안 하나 하는 것도 뭐가 그렇게 복잡한지, 블랙헤드를 제거하기 전에는 따뜻한 물로 세안하는 게 맞죠?"

외모에 관해 여자들의 질문은 끝이 없고 비결은 무궁

무진하다. 세안만 해도 귀가 솔깃해지는 그럴싸한 비법들이 인터넷에 차고 넘친다. 세안하기에 좋은 온도가 따로 있을까? 세안만 잘해도 피부가 어려지는 것이 사실일까? 깨끗한 물로 잘 씻으면 알레르기성 피부 질환이 사라질까?

세안을 왜 할까? 어떻게 세안하는 것이 맞는지 알아보기 전에 얼굴의 때는 무엇으로 이루어졌는지 알아보자. 얼굴의 때는 원인에 따라서 아래와 같이 크게 세 부류로 나뉜다.

1) 환경성 때 : 먼지, 더러운 공기
2) 생리성 때 : 피지, 땀, 각질
3) 화장품 때 : 메이크업 잔여물

때의 형태에 따라서는 다시 다음과 같이 나뉜다.

1) 수용성 때 : 먼지, 땀. 깨끗한 물로 씻어낼 수 있는 때
     는 이것뿐이다.
2) 지용성 때 : 피부 분비물, 메이크업 잔여물. 지용성
     때를 깨끗이 씻어내려면 비누나 메이크
     업 클렌징 제품을 사용해야 한다.
3) 각질 때 : 정기적으로 제거해야 한다.

이제 깨끗한 물로 세안만 잘해도 피부가 좋아진다는

말이 얼마나 이치에 안 맞는지 이해가 될 것이다. 깨끗한 물은 먼지와 땀은 씻어내지만 다른 때는 씻어내지 못한다. 그래도 여전히 "깨끗한 물로 씻기만 해도 절세미인의 건강한 피부를 가질 수 있어요"라는 말을 믿고 싶으면 화장하지 마시라! 깨끗한 물은 가벼운 메이크업도 지우지 못하거니와 외려 클렌징 제품을 사용하는 것보다 피부를 더 상하게 만든다.

찬물? 따뜻한 물?

세안할 때 찬물이 좋을까, 따뜻한 물이 좋을까? 사실 세안은 '정상 온도'의 물로 하는 것이 좋다. 따뜻한 물도 필요 없고 일부러 얼음물을 준비할 필요도 없다. 그러면 어떤 사람은 이렇게 묻는다.

"몇 도가 정상 온도예요?"

내가 되묻고 싶다.

"세안할 때나 샤워할 때 온도계를 옆에 두고 하세요?"

이른바 정상 온도는 특별한 온도 범위가 아니라 개인의 습관을 가리킨다. 샤워하는 김에 세안도 같이할 땐 샤워하는 물의 온도나 그보다 조금 낮은 온도가 좋고, 세안만 단독으로 할 땐 수돗물의 온도면 충분하다. 추운 겨울에는 따뜻한 물을 조금 섞어도 좋다. 뜨거운 물은 피부를 지나치

세안과 목욕에 관한 화학 상식

게 씻어내 피부가 건조해질 수 있으므로 좋지 않다. 모공을 활짝 열어 화장품의 유효 성분을 흡수시키고 싶으면 세안한 뒤에 따뜻한 수건으로 찜질하는 것이 더 좋다.

나는 따뜻한 물로 세안해야만 제대로 씻은 것처럼 개운하다고 주장하는 사람에게는 이 말을 해 주고 싶다.

사람은 날마다 세안한다. 그것도 비누나 폼클렌징 제품을 이용해서 말이다. 이 말은 즉 꼭 따뜻한 물로 씻어야 피부가 깨끗해질 정도로 더럽지 않다는 것이다. 더욱이 뜨거운 물로 세안하면 피부가 예민해질 수 있다!

그런가 하면 얼음물로 세안하면 피부가 팽팽해져 주름이 안 생기고 젊어진다는 것은 과장된 말이다. 세안하는 물의 온도가 모공 수축에 주는 영향은 일시적이다. 얼음물로 세안하면 당장은 피부가 탱탱하고 부드러운 것 같지만 피부 온도가 상승하면 다시 원래의 상태로 돌아가므로 괜히 수고할 필요가 없다.

그렇다면 블랙헤드를 제거하기 전에는 따뜻한 물로 세안해야 할까? 확실히 따뜻한 물로 씻으면 모공이 활짝 열려 블랙헤드를 제거하기가 더 쉽다. 잘못된 방법은 아니다. 문제는 블랙헤드를 제거하는 것에 너무 맛을 들이는 것이다. 압출 핀셋을 이용하든 코팩을 붙이든 블랙헤드를 제거하는 과정에서 떨어져 나가는 것은 블랙헤드만이 아니다. 피부를 보호하는 각질 세포도 같이 제거되기 때문에 블랙헤드를 '열렬히' 짜는 것은 피부 건강에 도움이 되지 않는다. 블랙헤드를 자주 제거하면 피부가 예민해지고 모공이 커져서 얻는 것보다 잃는 것이 더 많다.

이 밖에 수건은 깨끗이 세탁하고 자주 교체하는 것이 좋다. 욕실에 걸린 축축한 수건은 세균이 번식하기에 가장 좋은 환경이다. 따라서 정기적으로 세탁하고 교체해야 한다.

이상은 여성들 사이에서 전해지는 '동안 피부 세안 비법'에 대한 설명이었다. 앞으로 과장된 비법에 현혹되지 않고 정확한 방법으로 즐겁게 세안하시길 바란다.

17

수분을 유지하는
겨울철
오일 보습
방법

메이크업 제품 중에는 '오일 프리'나 '피지 컨트롤'을 표방하는 것이 많다. 하지만 피부 미용에 한해서 페이스 오일을 이용하는 방법이 새롭게 인기를 끌고 있다.

왜일까? 겨울은 피부 관리에 조금만 소홀해도 피부가 크게 상하는 계절이다. 하지만 걱정하지 마시라. 자신의 피부 상태를 파악하고 적절한 관리 방법을 찾으면 추운 겨울도 끄떡없다!

많은 사람이 무덥고 습한 여름에 로션과 크림 같은 오일 성분이 함유되어 끈적거리는 화장품을 바르지 않는다.

가을이나 겨울에도 여전히 많은 사람이 오일 프리 제품

을 고집한다. 하지만 최근 여러 매체를 통해서 오일 보습 방법이 소개된 뒤에 오일 성분의 장점이 새롭게 주목받았다.

"박사님, 오일 성분이 있는 것과 없는 것 중에서 어느 것이 피부에 더 좋아요?"

글쎄, 미리 답을 알려주면 재미없지 않은가? 답을 알기 전에 먼저 원리부터 살펴보자!

오일 보습의 원리 : 오일을 이용해서 '수분을 잠그다'

여름에 에어컨을 켜고 자거나 겨울에 히터를 켜고 냉기와 습기를 제거할 때 해 볼 수 있는 소소한 실험이 있다. 일단 물을 한 컵 떠서 테이블 위에 올려놓고 두세 시간 뒤에 어떤 일이 일어나는지 관찰해 보시라. 분명히 물이 줄어든 것을 발견할 수 있으리라. 물은 어디로 사라졌을까? 공기 중으로 증발했다. 물론 물이 증발하는 동안에 피부의 수분도 같이 증발했다. 에어컨이나 히터는 얼굴이나 손발을 건조하게 만드는 원인이다.

아직 실험은 끝나지 않았다. 이번에는 물을 두 컵 받아 한 곳에만 오일을 떨어트린다. 그러면 오일을 떨어트린 컵의 물은 증발하지 않은 것을 발견할 것이다. 사람의 피부도 마찬가지라서 수분을 유지하려면 오일을 이용해야 한다!

인체의 천연 '수분 잠금장치'

지금 손끝으로 이마와 코를 한번 쓱 쓸어보자. 미끌미끌하지 않은가?

"T존 부위에서 유분이 나와서 그렇잖아요."

인체의 피부에는 유분과 관계있는 두 개의 구조물이 있다. 하나는 피부 바깥쪽에 있는 피지막이고, 다른 하나는 피부 안쪽의 각질 세포 사이에 있는 지질이다. 사실 T존 부위에서 나오는 유분은 피부의 천연적인 수분 잠금장치이자 방어선인 피지막이다. 피지막은 피지선에서 분비되는 피지와 땀샘에서 분비되는 땀으로 이루어져 수분이 과도하게 증발하는 것을 막는다.

피지는 피질, 나이, 신체 상태, 기온의 영향을 받는데, 일반적으로 기온이 높으면 피지가 더 활발하게 분비된다. 여름에 유난히 피부가 번들거리고 여드름이 잘 나는 것도 이 때문이고 많은 사람이 오일 프리 화장품을 선호하는 것도 이 때문이다. 과도한 피지 분비, 여드름 생성, 모공 확대. 이 3종 세트는 서로 떼려야 뗄 수 없는 관계를 형성하며 사람들을 골치 아프게 한다.

하지만 피부도 가만히 쉬면 편할 텐데 왜 굳이 피지를 분비하는지 생각해 본 적이 있는가? 사실 피지 분비는 수분 부족 상태를 예방하고 피부를 건강하게 만드는 천연적인 방어 기제이다. 따라서 오일 성분이 함유된 화장품을 발라서 피부의 수분을 보호하고 유지하면 피부가 알아서 유분이 과도하게 분비되지 않게 조절한다. 이것이 오일 보습 방법의 기본 개념이다.

아직도 오일 프리 화장품과 오일 성분이 함유된 화장품이 서로 충돌한다고 생각하는가?

그렇지 않다. 단지 하나는 모공 문제를 즉각적으로 해결하는 데 도움을 주고, 다른 하나는 장기적으로 피부를 촉촉하게 유지하는 데 도움을 주는 차이가 있을 뿐이다.

오일 프리? 오일 보습? 어느 것이 적합할까?

얼굴에 유분이 번들거리고 여드름이 나서 피지 조절이 필요한 하는 사람은 오일 성분이 함유된 화장품이 아닌 오일 프리 화장품을 사용해야 한다. 하지만 일시적인 모공 문제를 해결하고 피부결을 정돈하고 과도하게 분비되는 피지를 조절하려면 오일 성분이 함유된 화장품을 발라서 피부의 수분 균형을 맞춰야 한다. 각자의 피부 상태나 기후에 따라서 오일 성분이 적당히 함유된 화장품을 선택하는 것은 매우 중요하다.

"박사님, 페이스 오일도 종류가 많잖아요. 어느 것이 피부에 가장 좋아요?"

솔직히 가장 좋은 페이스 오일이 따로 있는 것이 아니

다. 모든 페이스 오일은 저마다 특성이 있다. 모르간 오일과 올리브유는 비타민 E가 풍부하고 항산화 효과가 좋은가 하면 식물성 오일이지만 상온에서 보기 드물게 고체 상태인 시어버터와 아보카도 오일은 흡수가 잘 되고 피부를 촉촉하게 한다. 각질 사이의 지질인 세라미드와 피지막의 주요 성분인 스쿠알렌은 피부에 즉각적인 효과를 준다. 정리하면 페이스 오일은 종류에 관계없이 화장품에 적당한 비율로 첨가하면 모두 피부에 도움이 된다.

이제 오일의 중요성을 알았으니 오일 프리 화장품과 오일 성분이 함유된 화장품 사이에서 고민하지 말자. 어떤 오일을 선택할까 고민하는 것은 큰 의미가 없다. 자신의 피부 상태, 계절에 따라서 오일의 비율을 적절하게 조절하면 촉촉하고 유수분의 균형이 맞는 피부 미인이 될 수 있다.

18 보디클렌저보다 수제 비누가 더 순하다?

겨울이 되면 많은 독자에게 보디클렌저, 폼클렌징, 비누 등에 관한 질문을 많이 받는다.

"박사님, 계절이 바뀌면 예를 들어 겨울이 되면 샤워 제품도 같이 바꿔야 하나요?"

"박사님, 보디클렌저보다 수제 비누가 더 순한 게 사실이에요? 만약에 사실이면 가을, 겨울에는 수제 비누를 쓰는 것이 더 좋을까요?"

사실 이들 물음에 대한 답변은 많은 사람이 생각하는 것과 다르다. 보디클렌저와 수제 비누의 세정 원리는 계면활성제를 이용하는 점에서 둘 다 같다.

그러면 계면활성제는 나쁜 화학 물질일까? 그렇지 않다. 달걀의 노른자도 계면활성제의 일종이다!

"하지만 계면활성제는 무서운 화학 물질 아닌가요?"

몇 년 전에 인터넷에서 계면활성제가 피부에 스며들어 암을 일으킨다는 소문이 돌아 전 국민이 공황 상태에 빠진 적이 있다.

하지만 알려진 것과 다르게 계면활성제는 나쁜 화학 물질이 아니다. 유수분과 모두 친한 특성이 있는 것이 계면활성제이다. 예를 들어 레시틴은 계면활성제의 일종인데, 샐러드 오일과 레몬즙에 달걀노른자를 넣고 섞으면 노른자에 함유된 레시틴이 계면활성제 역할을 해서 한데 섞이지 않은 샐러드 오일과 레몬즙을 맛있는 마요네즈로 변신시킨다. 그러니 이제는 계면활성제에 대한 공포에서 그만 벗어나기를 바란다.

계면활성제는 종류도 다양하고 특성도 제각각인지라 별칭이 매우 많다. 기포제, 유화제, 분산제, 청결제 등은 모두 계면활성제의 다른 이름이다. 이 중에서 세정용으로 사용되는 계면활성제는 다시 '비누'와 '비非비누'로 크게 나뉜다.

세정용 계면활성제의 분류 : 비누와 비비누

인류가 최초로 사용한 세정용 계면활성제는 비누이다. 하지만 세정용 계면활성제 중에서 비누가 차지하는 비중은 일부분이고 나머지는 비비누가 차지한다. 그러면 비누와 비비누는 어떤 차이가 있을까? 어느 것이 피부에 더 좋을까?

비누의 주성분은 음이온 계면활성제의 일종인 지방산 나트륨이다. 한 번이라도 비누를 직접 만들어 본 사람은 비누의 제작 과정을 잘 알 것이다. 일단 유지油脂를 알칼리성 환경에서 가열하면 지방산과 글리세린으로 분해되는데, 이때 지방산이 수산화나트륨과 반응하면 지방산 나트륨이 생성된다.

고급 유지를 사용하든 고급 블렌더를 사용하든 식물 추출물과 에센셜 오일을 첨가하든 모든 비누는 반드시 비누화 반응을 거친다. 공장에서 만든 일반 비누, 수제 천연 비누, 물비누는 모두 비누화 반응을 통해서 비누가 되었다.

따라서 비누는 계면활성제가 아니고 화학 제품도 아니라는 말은 뻔뻔스러운 거짓말이다. 비누화 반응은 화학 반응의 일종이고 비누는 계면활성제의 일종이다.

비비누는 비누화 과정을 거치지 않은 세정제이다. 합성 세제라고도 불리며, 석유에서 추출한 탄화수소를 산·염기와 반응시켜 만든다. 시중에서 판매하는 보디클렌저, 샴푸, 세탁용 세제, 주방 세제 등과 같은 세정제는 모두 비비누에 속한다. 합성 세제는 비누는 아니지만 비누와 똑같이 유수분과 모두 친한 성질을 이용해서 때를 깨끗이 씻어낸다.

비누인가 비비누인가는 중요하지 않다

"박사님, 그러면 비누를 선택해야 해요, 비비누를 선택해야 해요? 어느 것이 피부에 더 좋고 순해요?"

세정 용품이 좋은지, 자신에게 잘 맞는지를 판단하기 위해서는 세정력, 피부 자극도, 필요성을 살펴야 한다. 이세 개의 특성은 비누인가, 비비누인가와는 전혀 관계없다.

예를 들어 SLS, SLES와 같은 일부 합성 세제는 자극적이고 세정력이 강해서 피부에 나쁘지만, 적당한 세정력과 낮은 자극성을 가진 합성 세제도 많다. 마찬가지로 pH10 이상의 일부 비누는 강알칼리성이라서 피부에 매우 자극적이지만, 부드럽게 세정이 되고 글리세린 함량이 높고 pH 지수가 적당한 비누도 있다. 따라서 비누인가 비비누인가는 중요하지 않다.

그러면 어떤 것을 선택해야 할까? 몇 가지 선택 방법과 원칙을 설명하면 다음과 같다.

성분은 단순한 것이 좋다

세정제는 좋은 성분이 함유되었든, 나쁜 성분이 함유되었든 결국 물로 씻어내므로 에센셜 오일, 식물 추출물, 한약재 등이 많이 첨가된 세정제를 선택할 필요가 없다. 설령 희귀 성분이 듬뿍 첨가되었어도 대부분 피부에 흡수되지 않고 씻겨나간다. 같은 원리로 향이 짙고 색깔이 예쁜 세정제를 선택할 필요도 없다.

세정력은 적당한 것이 가장 좋다

세정제는 피부의 때를 씻어내는 것이 목적이므로 일단 깨끗하게 씻겨야 한다. 하지만 지나치게 깨끗하게 씻기면 피부가 예민해질 수 있기 때문에 적당한 세정력을 가진 것을 선택하는 것이 중요하다.

물로 씻어낸 뒤에도 여전히 피부가 미끈거린다면 세정제가 깨끗이 닦이지 않은 것이다. 이에 반해 피부가 쩍쩍 갈라지는 느낌이 들면 세정력이 지나치게 강한 것인데, 이렇게 pH 지수가 지나치게 높은 알칼리성 세정제는 머리카락을 감거나 얼굴과 몸을 씻기에 적합하지 않다.

가장 대표적인 예는 많은 가정에서 애용하는 세탁비누이다. 세탁비누는 첨가된 성분이 많지 않은 점에서 첫 번째 원칙에 부합한다. 피지 분비가 활발한 사람은 세정력이 강하고 pH 지수가 높은 세탁비누를 사용해도 괜찮다. 하지만 건성 피부인 사람은 세탁비누가 외려 피부를 예민하게 만드는 원흉이 될 수 있다.

기능은 단순한 것이 좋다

세정제의 목적은 첫째도 둘째도 더러운 때를 깨끗하게 씻어내는 것이다. 세안제로 예를 들면 피부의 수분이 손실되는 것을 막기 위해서 순한 제품을 사용하는 것이 가장 좋다.

폼클렌징 한 통으로 미백, 노화 방지, 탄력 효과를 모두 얻을 수 있다는 말은 지나치게 과장되었다. 또한 메이크업을 지우는 것과 얼굴을 씻는 것은 별개의 일이므로 제품을 따로 써야 한다. 한 병의 '신비한 물'로 클렌징, 보습, 미백이라는 세 마리 토끼를 모두 잡을 수 있다는 말을 믿지 마시라.

원료와 제조 과정은 중요하지 않다

앞에서 설명한 것처럼 비누와 합성 세제는 똑같은 세정 원리를 가진 계면활성제이다. 따라서 '천연', '유기농', '식물성', '수제'는 중요하지 않다. 수제 비누라고 해서 공장에서 대량 생산된 비누보다 반드시 더 좋은 것은 아니고, 보디클렌저라고 해서 비누보다 더 나쁜 것은 아니다. 세정제의 투명도나 색깔은 품질과 절대적인 관계가 없다. '유기농', '천연 유래'이면 무조건 안전하리라 생각하고 덮어놓고 믿어도 안 된다.

예를 들어 유럽의 여러 지역에서 나는 물은 칼슘 이온

과 마그네슘 이온이 풍부한 경수이다. 경수는 비누를 이용해서 씻을 수 없다. 비누와 칼슘·마그네슘 이온이 화학 반응을 일으켜 거품이 잘 안 일고 물때만 생긴다. 이 때문에 유럽의 소비자는 비누 형태의 세탁제가 아니라 액체 상태의 세탁제를 선택하고 수제 비누가 아니라 보디클렌저를 선택한다. 보디클렌저가 암을 유발한다는 말이 있는데 유럽 사람들은 암이 두렵지 않아서 보디클렌저를 사용할까? 사실 비누와 합성 세정제는 어느 것이 더 좋고 나쁘냐가 아니라 용도의 차이가 있을 뿐이다.

많은 제조사는 마케팅 차원에서 또한 소비자에게 제품의 효능과 원리를 이해시키기 위해서 제품에 관한 그럴싸한 홍보 문구를 만든다. 그 때문에 소비자가 스스로 판단할 수 있는 능력이 없으면 허점투성이인 정보와 광고에 깜빡 속기 쉽다.

사실 많은 전문가가 세정제의 진실과 선택에 관한 글을 썼다. 관심이 있으면 관련 자료를 찾아서 읽어 보시라. 분명히 세정제를 더 객관적이고 중립적이고 진실하게 이해할 수 있으리라. 모든 사람의 피부에 다 맞는 세정제는 없다. 사람마다 피부 상태가 다르므로 자신의 피부 상태에 맞는 제품을 선택해야 한다. 자신의 피부 상태를 고려하지 않은 채 다른 사람의 말만 믿고 제품을 선택해 피부를 망가트리는 우를 범하지 말자.

19 　보디클렌저가
　　암을
　　유발한다?

최근에 친구가 인터넷에서 떠도는 〈비누 제형의 보디클렌
저를 사용하세요〉라는 제목의 글을 메일로 보내왔다. '보
디클렌저의 성분인 파라벤paraben이 유방암을 일으킨다. 실
제로 유방암 환자의 몸에서 파라벤이 발견되었다. 하루빨
리 비누 제형의 보디클렌저로 바꿔라'라는 내용이었다.

　하지만 인터넷을 검색하면 일부 비누에서 해로운 계면
활성제가 검출되었다는 주장도 찾을 수 있다. 이것 참 흥미
롭지 않은가?

　'인터넷 전문가들'의 주장에 따르면 샤워할 때 세정제
를 사용하지 말고 그냥 깨끗한 물로 씻는 것이 가장 건강

하고 안전하다. 과연 그럴까? 인터넷이 발달한 뒤에 자칭 전문가들이 화학 성분에 대해서 잘 모르는 사람들을 헷갈리게 만드는 일은 식은 죽 먹기가 되었다.

파라벤은 뭘까?

파라벤은 방부제의 일종이다. 정확한 학명은 파라하이드록시벤조산 에스터[p-hydroxybenzoate]이다. 탄소의 개수에 따라서 메틸파라벤, 부틸파라벤, 프로필파라벤 등으로 나뉜다.

많은 사람은 파라벤 하면 암, 백해무익한 방부제, 악덕 상인을 떠올린다. 솔직히 방부제는 필요악이다. 방부제를 넣은 제품보다 방부제를 넣지 않아 세균이 번식하고 부패한 제품이 더 무시무시하다.

파라벤은 논란의 여지가 있는 화학 물질이고 고농도로 장시간 접촉하면 알레르기 반응을 일으키지만, 반드시 암을 유발하지는 않는다. 세상에 절대적으로 안전한 방부제는 없다. 하지만 정상적인 농도일 때 세탁제, 보디클렌저 등 물로 바로 씻어내는 제품은 인체에 사용해도 무방한 파라벤이 첨가된다.

날마다 보디클렌저로 샤워하면 암에 걸린다?

그렇지 않다! 파라벤이 암을 유발한다는 주장은 아직 사실로 확인되지 않았다. 더욱이 샤워할 때 피부와 보디클렌저가 접촉하는 시간은 매우 짧다. 이때 체내에 흡수되는 파라벤의 양은 거의 제로에 가까우므로 보디클렌저의 파라벤이 암을 일으킬까 봐 걱정하지 않아도 된다.

알레르기 반응이 일어날까 봐 걱정되면 지나치게 높은 온도의 물로 샤워하지 말고 보디클렌저를 바로 씻어낸다. 보디클렌저가 피부에 머무르는 시간이 지나치게 길지 않으면 기본적으로 문제가 생기지 않는다.

보디클렌저에 대한 의혹이 풀린 뒤에도 여전히 비누나 합성 세제에 함유된 계면활성제에 의혹을 제기하는 사람이 있을 것이다. 과거에 어느 인터넷 매체는 계면활성제의 독성을 지적하며 화학적으로 합성한 계면활성제는 몸 밖으로 배출되지 않고 체내에 쌓인다고 보도한 적이 있다. 대체 계면활성제가 뭐기에 그럴까?

쉽게 설명해서 계면활성제는 물과 기름을 한데 섞는 성분이다. 원래 물과 기름은 서로 용해되지 않지만 물로 기름기를 제거하는 세정 효과를 얻기 위해선 계면활성제의 힘을 빌리는 수밖에 없다. 얼굴에서 분비되는 과도한 피지, 식사 후 양손에 묻은 기름기, 옷에 묻은 더러운 때 등 유분을 깨끗이 씻어내야 할 때 계면활성제는 기름기를 물에 녹아들게 하는 역할을 한다.

계면활성제에는 어떤 것들이 있을까? 모든 비누와 청소 용품 등이 계면활성제에 해당한다. 더는 '계면활성제가 없어서 온 가족이 안심하고 쓸 수 있는 천연 수제 비누'라는 문구도 믿으면 안 되는데, 천연 수제 비누에도 계면활성제가 들어간다!

그러면 합성 계면활성제에 대한 많은 의혹과 걱정은 합리적일까? 하나하나 차근차근 살펴보자.

합성 계면활성제는 세포막을 통과해 세포를 파괴한다?

그렇다. 합성 계면활성제는 세포막을 파괴하고 단백질의 성질을 바꾼다. 한데 사람들이 합성 계면활성제를 사용할 때 세포에 직접 닿게 사용하는가? 세포는 피부 표면에 있는 각질층의 보호를 받아서 합성 계면활성제와 직접 맞닿지 않는다. 또한 합성 계면활성제뿐 아니라 모든 계면활성제가 똑같이 세포를 파괴하고 단백질을 변성하게 하는 성질이 있는데, 시중에서 판매하는 비누와 수제 비누도 예외는 아니다!

계면활성제는 체내에 축적되어 몸을 망가트린다?

이런 말을 들으면 나도 모르게 헛웃음이 난다. 물론 나도 "계면활성제는 체내에 100% 흡수되지 않습니다"라고 말하진 못하겠다. 하지만 흡수되는 양이 얼마나 될까? 날마다 농도 100%의 계면활성제로 샤워하지 않으면, 날마다 보디클렌저를 보디로션처럼 바른 뒤에 물로 씻어내지 않는 것이 아니면 정말로 계면활성제가 체내에 축적되는 것을 걱정할 필요가 없다.

계면활성제는 환경 호르몬이라서 생태계를 파괴한다?

노닐페놀류 계면활성제$^{nonylphenol\ polyethylene\ glycol\ ether,\ NPEO}$, 즉 자연에서 분해되지 않는 노닐페놀은 생태계를 파괴하는 환경 호르몬의 일종이다. 현재 노닐페놀은 가정용 세정제에 사용이 금지되었지만, 옷을 제작하거나 옷감을 가공하는 과정에서 여전히 사용된다. 생태계를 조금이라도 생각하면 이것이 함유된 세정제를 사용하면 안 된다.

이 밖에 세수나 샤워를 한 뒤에 피부가 너무 미끈거리거나 거칠거칠하면 잘못된 것이다. 너무 미끈거리면 세정제가 아직 피부 표면에 남아 있는 것이고, 너무 거칠거칠하면 세정력이 지나치게 강한 나머지 피지가 과하게 씻겨 나가 피부가 건조해지고 붉어질 수 있으며 심하게는 염증이 생길 수 있다.

　일상생활에서 화학 성분은 어느 곳에나 존재하고 하루도 세정제를 쓰지 않는 날은 없다. 하지만 세정력이 강한 것이 최고라는 생각을 버리고, 세정제를 물로 말끔히 헹궈내고, 노닐페놀류 계면활성제 성분이 없는 세정제를 사용하면 보디클렌저를 사용하든 비누를 사용하든 안심하고 팍팍 씻어도 된다!

20

저렴한
마스크팩도
매일 하면
효과가 있다?

아시아 사람들은 유난히 마스크팩을 좋아한다. 1일 1팩이라는 말이 있을 만큼 마스크팩은 언제나 쟁여두고 사용해야 할 필수품처럼 여겨진다. 물론 그중 가장 사랑받는 마스크팩은 가격이 저렴한 것이다.

하지만 저렴한 마스크팩이 잇따라 출시되자 친구들이 내게 묻기 시작했다.

"저렴한 마스크팩 말이야. 진짜 효과가 있어?"

친구들이 이렇게 묻는 것은 당연하다. 최근 몇 년 동안 먹거리 및 식기 관련 안전사고는 끊이지 않고 발생하고 있다. 마스크팩이라고 멀쩡하리라는 보장은 없다. 오죽하면 인터넷에서 어느 중국 여성이 형광 증백제가 함유된 불량 마스크팩을 사용한 뒤에 밤마다 얼굴이 초록색으로 변하는 짓궂은 영상이 인기를 끌까?

물론 웃자고 만든 영상이지만 자신이 구매한 마스크팩이 양심적으로 생산되었는지, 진짜로 효과가 있는지 등을 걱정하는 소비자의 불안한 심리를 엿볼 수 있다.

판단 기준 1 : 가격

마스크팩을 선택하는 간단한 판단 기준은 크게 두 가지이다. 가격과 유통 경로가 그것이다.

먼저 가격에 대해서 알아보자. 한 장의 마스크팩은 시트, 에센스, 알루미늄 포장지의 세 부분으로 구성된다. 최저 기준으로 계산할 때, 예컨대 가장 많이 사용되는 부직포 시트에 가장 기본적인 보습 에센스를 첨가해 가장 소박하게 단색의 알루미늄 포장지에 담을 때를 생각해 보자. 원료값에 에센스를 혼합하고 포장지를 충전·밀봉하는 등에 드는 인건비까지 더하면 마스크팩 한 장의 원가는 300원 미만이다.

"박사님, 그 정도면 매우 싸네요."

원가라고 하지 않았는가! 인쇄비, 배송비를 포함한 물류비, 브랜드의 이윤까지 계산하면 가장 기초적인 보습 마스크팩의 판매가는 최저 500원 이상이고, 미백, 노화 방지 등의 기능이 더해지면 원가는 더 상승한다.

정상적으로 운영되는 제조사의 마스크팩은 세균, 형광 증백제, 중금속 검출 여부 등의 각종 검사 비용까지 추가된다. 이 밖에 에센스의 품질도 원가에 영향을 주는데, 에센스의 농도를 조절할 때 양심이 있는 제조사는 여과한 역삼투수를 사용하지만 양심이 불량한 제조사는 수돗물을 사용한다. 이보다 더 악질은 땅속에서 퍼 올린 지하수를 그대로 사용한다. 비위생적이든 말든 자신들은 사용하지 않으면 그만이니 방부제를 잔뜩 들이붓는 것이다!

각종 요인을 고려할 때 한 장에 500원도 안 되는 마스크팩은 구매에 신중하기를 바란다.

판단 기준 2 : 유통 경로와 성분 표시

마스크팩을 어디서 구매하느냐도 중요하다. 규모가 큰 공식 화장품 유통점은 소비자에게 마스크팩의 각종 검사 결과를 투명하게 공개하고 품질에 이상이 없음을 적극적으로 알린다. 가상의 유통 경로, 예컨대 유명 인터넷 쇼핑몰도 오프라인의 공식 화장품 유통점처럼 깐깐한 검증을 통과한 마스크팩을 판매한다. 기본적으로 공식 화장품 유통점과 유명 인터넷 쇼핑몰에서 판매하는 마스크팩은 안심하고 사도 된다.

하지만 인터넷 경매 사이트, 소규모 상점, 개인적으로 물량을 소량씩 입수해서 판매하는 영세업자 등 비공식 경로를 통해서 판매하는 마스크팩은 조심해야 한다. 이들 마스크팩이 반드시 문제가 있다는 것이 아니라 문제가 있는 마스크팩일 확률이 높다는 의미이다.

몇 년 전에 어느 여대생이 '폭탄 세일' 중인 소형 화장품 상점에서 유명 브랜드의 마스크팩을 거의 거저 가져가는 가격에 샀는데 포장을 뜯자마자 역한 냄새가 나서 언론에 제보했다. 취재 결과 유명 브랜드는커녕 제조사도 찾을 수 없는 중국산 짝퉁임이 드러났다. 결국 판매자는 인터넷에서 저렴한 가격에 대량 구매한 것이라고 실토했고, 여대생은 어떠한 보상도 받지 못했다.

정말이지 묻고 싶다. 왜 자신의 피부에 장난을 치는가? 돈 몇 푼 아끼기 위해서 누가 생산하는지도 모르는 마스크팩을 살 바에야 그냥 마스크팩을 안 하는 것이 피부에 더 좋다.

정상적인 마스크팩은 포장지에 제조사나 수입사의 이름 및 주소, 전성분표가 표기된다. 공식 유통 경로를 통해서 판매하는 마스크팩은 모두 이 기준에 부합하지만, 일부 인터넷 쇼핑몰에서 판매하는 마스크팩은 이 기준에 못 미치는 수가 있다. 특히 브랜드명과 성분 자료를 공개하지 않고 광고 모델만 내세워 효과를 홍보하는 것은 의심해 볼 필요가 있다. 이들 제품을 구입할 땐 검색을 통해서 어떤 성분이 첨가되었는지 잘 살펴야 한다.

뉴스 속 여대생은 역한 냄새가 나는 줄도 모르고 짝퉁 마스크팩을 샀다. 그녀가 언론에 제보하기 전에 이미 수백 명의 다른 여성들이 같은 마스크팩을 샀을 텐데, 그녀들은 자신들의 얼굴에 올려진 것이 짝퉁 마스크팩이었다는 것을 상상이나 했을까?

저렴한 가격의 마스크팩은 효과가 있을까?

피부 미용 관점에서 생각할 때 믿을 수 있는 품질의 마스크팩은 많이 할수록 좋다. 하지만 비싼 마스크팩이라고 해서, 또는 피부에 좋은 고농도의 유효 성분이 듬뿍 들어간 마스크팩이라고 해서 너무 큰 기대를 하면 안 된다.

마스크팩의 가장 큰 장점은 짧은 시간에 피부에 수분을 집중적으로 보충하는 것이다. 마스크팩을 붙이고 있는 15~20분 동안에 피부는 시트에 폭 쌓인 채 오직 수분을 흡수한다. 수분을 충분히 공급하면 피부의 각질층은 저절로 매끈해지고 윤기가 나며, 수분 부족으로 생긴 잔주름은 수분을 머금고 옅어진다. 한번 생각해 보자. 마스크팩을 떼고 나면 피부가 좋아지다 못해 한 다섯 살은 어려 보이지 않는가?

"어려 보일 수 있으면 매일매일 할래요!"

문제는 다른 유효 성분이 없이 오직 각질층에 수분만 보충하는 마스크팩은 피부 개선 효과가 곧바로 나타났다가 금세 사라진다. 구체적으로 마스크팩을 하고 두세 시간이 지나면 피부는 원래 상태로 서서히 돌아간다. 유효 성분의 농도가 옅은 저렴한 가격의 마스크팩은 긴급 수분 보충 효과밖에 기대할 수 없으며, 더 좋은 피부 개선 효과를 얻기 위해선 미백, 탄력, 노화 방지 등의 기능성 마스크팩을 사용해야 한다.

싼 마스크팩을 하면 정말 얼굴이 '형광색'이 될까?

사실 '형광 증백제 마스크팩'의 정체는 시트의 형광 증백제가 얼굴에 묻은 것이다. 과거에 일부 양심 불량 제조사는 마스크팩 시트를 더 하얗게 만들기 위해서 형광 증백제를 첨가했다.

하지만 요즘은 소비자의 눈높이 및 제조사의 자체 기준이 높아져 적어도 정식 브랜드의 마스크팩을 사용했을 때 얼굴이 형광이 되는 일은 없다. 핵심은 제조사와 유통 경로가 불분명한 마스크팩을 구매하지 않는 것이다.

마스크팩은 표피를 밀폐시키고 단시간에 수분과 영양

분을 보충하는 원리를 이용한다. 이 때문에 바이오 섬유처럼 피부에 착 달라붙는 시트를 사용하면 효과는 좋지만 원가는 높아진다. 얼굴에 바르고 자는 슬리핑팩도 시트형 마스팩처럼 표피를 밀폐시키고 수분을 흡수시키는 원리를 이용하며, 구매 시 주의 사항은 마스크팩과 같다.

친구가 "저렴한 마스크팩 말이야… 진짜 효과가 있어?"라고 물었을 때 난 반문했다.

"너무 싸서 이상하다고 생각하면서 굳이 사는 이유는 뭐야? 진짜로 설명서에 적힌 효과가 있을까 봐?"

그녀는 예상 밖의 답변을 내놓았다.

"어떤 여자 연예인이 날마다 마스크팩을 하는 것이 자신의 피부 비결이라고 말했단 말이야. 싼 것도 상관없으니까 하루에 한 팩씩 꼭 하랬어."

아이고 머리야, 이게 바로 많은 사람이 위험을 무릅쓰고 기어이 싼 마스크팩을 산 이유였구나!

다시 한 번 반복하는데, 마스크팩은 피부를 긴급 구조하는 용이다. 누가 만들고 어떻게 유통되는지도 모르는 마스크팩을 날마다 할 바에야 아예 안 하는 것이 낫다. 마스크팩으로 하루에 15~20분 동안 피부에 짧은 '기적'을 선물하는 것보다 아침저녁으로 깨끗이 세안하고, 화장품을 꼼꼼하게 바르고, 일과 휴식의 균형을 이루고, 균형 잡힌 식습관과 운동 습관을 유지하고, 물을 적당히 마시고, 자외선 차단제를 바르는 등 건강한 생활 습관을 지니는 것이 훨씬 더 좋은 미용 방법이다. 무조건 1일 1팩을 하기 위해서 제조사와 유통 경로가 불분명한 마스크팩을 구매하지 말자!

21

허브는
독성이
없고
안전할까?

할리우드의 유명 헤어 디자이너인 채즈 딘Chaz Dean은 약 7, 8년 전에 헤어 관리 전문 브랜드인 'Wen'을 런칭했다. 'Wen'은 제품에 황산염을 포함한 해로운 화학 물질을 쏙 빼고 천연 허브 추출물을 첨가해 타 브랜드와 차별화를 뒀다.

그중에서도 물로 따로 헹궈 낼 필요가 없는 'Wen 헤어 컨디셔너'는 가장 특색 있는 제품이었다. 이 제품은 머리카락을 깨끗하게 세정하는 동시에 찰랑거리게 만들어 세정과 머리카락이 엉키는 문제를 한 방에 해결했다. 채즈 딘이 출시한 이 혁신적인 제품은 스타급 헤어 디자이너라는 그의 후광에 힘입어 불티나게 팔렸다.

이 같은 소비자들의 열렬한 반응을 언론은 사이비 교주를 향한 신도들의 광신적 행위에 비유했다. 'Wen'은 출시 2년 만에 백만 달러 이상의 판매고를 올렸고, 지금까지 최소 천만 개 이상의 제품이 판매되었다. 딱 여기까지만 놓고 보면 마치 대단한 제품이 탄생한 것 같다.

하지만 2012년부터 'Wen'의 제품을 사용한 소비자들에게서 재앙에 가까운 소식이 들리기 시작했다. 많은 여성이 해당 제품을 사용한 뒤에 심각한 탈모 증상을 겪었는데, 일부는 머리를 감을 때마다 머리카락이 한 줌씩 빠졌는가 하면 일부는 탈모가 진행되었고, 또 다른 일부는 심각한 탈모 증상 때문에 우울증이 생겨서 바깥출입을 꺼리는 지경이 되었다. 인터넷 커뮤니티에 자신들의 경악스러운 모습을 찍은 사진과 피해 사실을 올린 피해자들은 곧 2백여 명으로 구성된 단체를 만들었고, 3년 뒤에 정식으로 'Wen'을 고소했다.

제품에 어떤 문제가 있었을까?

도대체 반짝반짝 빛나는 이 혁신적인 제품에 어떤 성분이 들었기에 탈모가 일어났을까? 솔직히 아직도 확실하게 증명된 사실이나 정식으로 보고된 연구 결과는 없다. 하지만 개인적으로 전성분표를 찾아본 뒤에 두 개의 눈에 띄는 사실을 확인했다.

1) 광고 내용과 달리 천연 성분 외에 무수한 석유 화학 공업 원료가 첨가되었다. 석유 화학 공업 원료가 인체에 해로운 것은 아니지만, 사실대로 광고하지 않은 것은 죄이다.

2) 성분만 놓고 볼 때 이 '혁신적인 제품'은 시중에서 판매하는 샴푸와 헤어 컨디셔너가 합쳐진 여느 2 in 1 제품과 별 차이점이 없다. 막말로 다른 제조사가 첨가한 물질을 다 첨가한 뒤에 몇 가지 식물 추출물을 더 첨가해 놓곤 천연 허브 추출물을 넣었다고 광고한 것뿐이다.

하지만 아무리 허위 광고를 했을지언정 전성분표를 살펴봐도 두피를 상하게 하는 물질을 발견하지 못했다. 그렇다면 심각한 탈모 사건을 일으킨 원인을 크게 두 가지로 추측해 볼 수 있다.

1) 제품에 화장품용 원료가 아니라 불순물이 든 공업용 원료를 사용해서 두피 조직이 서서히 망가졌을 수 있다.

2) 천연 허브 추출물은 무조건 안전하고 독성이 없을 것이라고 오해한 소비자들이 정량보다 많은 양을

사용하고 물로 깨끗하게 헹구지 않은 뒤에 '이 찰랑거리는 머릿결 좀 봐. 역시 천연 허브 샴푸는 달라!'라고 생각했을 수 있다. 헤어 제품의 잔여물이 두피에 장기간 쌓이면 두피는 영구적으로 손상된다.

'Wen'의 탈모 사건은 아직 해결되지 않았다. 채즈 딘은 "'Wen'의 제품은 아마존에서 가장 좋은 평가를 받았다"라고 말하며 여전히 탈모 현상을 극소수의 사람들에게 나타난 예기치 못한 반응이라고 강조한다.

다시 말해서 대부분의 사용자는 탈모 현상을 겪지 않고 잘 사용하고 있다는 것이다. 당연히 그럴 수밖에. 여타 헤어 세정제와 똑같은 성분으로 만들었으니, 소비자가 물로 깨끗하게 헹구기만 하면 탈모 현상이 일어날 리 없다!

2백여 명의 피해자는 'Wen'의 광고를 지나치게 믿은 나머지 천연 허브 추출물은 독성이 없고 두피에 남아서 머리카락에 영양분을 공급한다고 잘못 생각했을 수 있다. 만약에 그렇다면 이것은 결코 '예기치 못한 반응'이라고 넘길 수는 없는 문제이다.

먼 나라의 이야기일까? NO!

유명인의 신제품 출시, '화학 물질 무첨가 & 식물 추출물

첨가' 강조, 줄을 잇는 소비자들의 피해 소식…. 어딘가 익숙한 레퍼토리 같지 않은가? 그렇다. 세계 각지에서 비슷한 일이 벌어지고 있다.

유명인이 소비자에게 피해를 주기 위해서 일부러 문제 있는 제품을 만들었다고 생각하지 않는다. 그들도 제품이 온전하게 완성되기까지 얼마나 복잡한 과정을 거치는지 몰랐을 것이다.

제품은 생산자에서 소비자에게 전달될 때까지 연구 · 개발, 원료 점검, 생산 · 품질 관리, 운송 · 보관 등의 많은 단계를 거친다. 이때 어느 한 단계에서 문제가 생기면 선의의 제품도 순식간에 독약이 되고 만다. 그러면 소비자는 안전한 제품을 어떻게 알아볼 수 있을까?

제품 포장지에 전성분표가 있는지, 광고하는 내용의 성분이 진짜로 들어 있는지, 유기농을 표방하는 제품이면 Ecosert, USDA ORGANIC, IFOAM, JAS와 같은 국제적으로 공인된 유기농 인증 마크가 있는지, 꼭 유기농 제품을 써야 하는 사람은 모든 성분이 유기농 인증을 받은 것인지 아니면 한두 성분만 유기농 인증을 받아 놓곤 마치 모든 성분이 유기농 인증을 받은 것처럼 광고하는 것인지 꼼꼼하게 살펴야 한다.

가장 중요한 점은 안전한 제품을 선택하는 것이고, 효과를 따지는 것은 그다음에 할 일이다. 제품의 안전성은 그것이 유기농인지, 천연 허브 추출물이 첨가되었는지와는 전혀 관계없다. 현재 무수한 광고와 정보를 통해서 천연 성분은 안전하다는 인식이 형성되었는데, 사실 제품의 안전성은 사용량과 횟수, 정상적인 세포 조직에 영향을 주는 정도로 파악해야 한다.

유명인이 제품을 추천하는 것은 전 세계적으로 통하는 매우 효과적인 세일즈 방법이다. 낯선 사람보다 아는 사람의 말을 잘 믿는 것이 사람의 보편적인 특성이기 때문이다. 하지만 유명인의 말을 믿고 제품을 사용한 뒤에 내 머리카락이 빠지고 건강을 잃어도 그는 자기 돈으로 배상해주지 않는다.

생각해 보시라. 미국의 피해자들이 3~4년의 소송 끝에 배상금을 받은들 무슨 소용이 있을까? 이미 두피는 회복할 수 없을 정도로 망가졌고, 뭉텅뭉텅 빠진 머리카락은 다시 돋아나지 않는다. 따라서 자신과 가족의 건강을 지키기 위해선 광고를 접할 때 해당 광고의 내용이 사실인지 합리적으로 의심하고 논리적으로 판단해야 한다.

22

'2 in 1'
제품은
괜찮을까?

사무실에서 젊은 직원들과 수다를 떨다가 놀라운 사실을 발견했다. 남성들이 애용하는 샴푸와 보디클렌저가 합쳐진 2 in 1 세정제를 여자들이 무지하게 싫어한다는 것이다!

"어휴, 게을러! 샴푸 한 번 짜고 보디클렌저 한 번 짜는데, 시간이 얼마나 걸린다고 그걸 같이 써?"

남자 직원들은 즉시 반격했다.

"여자들이 샴푸와 린스가 합쳐진 제품을 쓰는 것과 뭐가 달라요? 유분을 씻어내려는 건지 바르려는 건지, 그래서 머리카락이 깨끗이 씻기겠어요?"

샴푸 겸 보디클렌저, 샴푸 겸 린스. 이렇게 두 기능이 하나로 합쳐진 2 in 1 세정제의 효과는 어떨까? 혹시 사람들이 잘 모르는 위험성은 없을까?

'샴푸 + 보디클렌저'의 2 in 1 제품부터 알아보자!

샴푸 겸 보디클렌저 제품이 최초로 등장한 곳은 남성용품 시장이다. 샴푸와 보디클렌저가 합쳐진 제품을 사용하는 남자를 보고 일부 여자들은 "어휴, 게을러!"라고 말하지만, 그 짧은 머리카락을 위해서 샴푸 한 통을 따로 사는 것을 남자들이 얼마나 귀찮아하는지 잘 모를 것이다.

더욱이 날마다 공을 차며 운동하는 남자는 당연히 간편한 세정제를 좋아할 수밖에 없다. 이런 요구에 부응해 샴푸 겸 보디클렌저의 2 in 1 제품이 등장했다.

하지만 머리를 감는 것과 몸을 씻는 것은 엄연히 다른 일이 아닌가? 사실 머리를 감을 때 머리카락을 깨끗이 씻는 것보다 더 중요한 것은 두피를 깨끗이 씻는 것이다. 여자들은 대부분 몸보다 두피에서 더 많은 유분이 나온다. 이 때문에 샴푸로 샤워하면 세정력이 지나치게 강한 나머지 피부가 건조하고 가려워진다.

그렇다고 샴푸 겸 린스의 2 in 1 세정제로 샤워하는 것도 바람직하지 않다. 몸에 린스 효과를 내는 성분은 필요하지 않기 때문이다. 따라서 여자가 샴푸 겸 보디클렌저의 2

in 1 제품을 사용하는 것은 좋은 선택이 아니다.

하지만 남자라면 상황은 다르다. 대게 남자는 머리카락이 짧아서 린스를 따로 사용하지 않고, 몸에 유분과 땀이 많아서 충분한 세정력을 가진 샤워 용품이 필요하다. 따라서 머리부터 발끝까지 깨끗하게 씻을 수 있는 샴푸 겸 보디클렌저의 2 in 1 제품을 사용하는 것은 매우 편리하고 합리적인 선택이라고 할 수 있다.

이 밖에 샴푸 겸 보디클렌저의 2 in 1 제품이 적합한 또 다른 '인류 집단'이 있다. 바로 아기들이다. 태어난 지 얼마 안 된 아기들은 머리숱이 적고 두피에 유분이 많지 않고 몸도 더럽지 않다. 따라서 머리와 몸을 동시에 씻을 수 있는 제품을 사용하는 것이 합리적이다.

실제로 아기들은 아기용 샴푸로 샤워까지 하는데, 아기용 샴푸 겸 보디클렌저는 세정력이 매우 순하다. 이 점은 남성 전용 샴푸 겸 보디클렌저와 완전히 상반된다. 운동량이 많고 두피와 몸에 유분이 많은 사람은 강력한 세정력이 필요하다.

정리하면 두피와 몸에 필요한 세정력이 별 차이가 없을 땐 샴푸 겸 보디클렌저의 2 in 1 제품을 사용해도 괜찮다. 하지만 그렇지 않으면 샴푸와 보디클렌저를 따로 구매하는 것이 바람직하다.

어떻게 머리카락을 부드럽게 만들까?

어떤 사람들은 린스를 머리카락에 유분을 바르는 것으로
생각한다. 한참 잘못된 생각이다. 린스, 헤어 컨디셔너, 헤
어팩은 머리카락에 광택과 윤기를 더한다. 다시 말해서 머
리카락의 큐티클층을 꼭 닫고, 머리카락이 건조해져 정전
기가 발생하는 것을 막는다.

    이 두 효과를 내기 위해서 pH 수치의 균형을 맞추거나
음이온 계면활성제 첨가, 실리콘 첨가와 같은 세 가지 방법
을 사용한다.

> 1) 피부와 마찬가지로 머리카락은 pH5.5의 약산성 환
>   경에서 가장 자연스럽다. 실제로 머리카락의 큐티
>   클층과 피부의 각질은 pH5.5 상태일 때 가장 가지
>   런히 배열된다. 머리카락을 부드럽게 만드는 제품
>   이 첫째로 갖춰야 하는 조건은 머리카락을 pH5.5
>   의 약산성 상태로 되돌려 놓을 수 있어야 한다.

> 2) 음이온 계면활성제는 머리카락을 부드럽게 만드는
>   효과를 내는 유효 성분이다. 구체적으로 한쪽 극성
>   은 물과 친하고 다른 한쪽 극성은 유분과 친하여 정
>   전기가 발생하지 않고 머리카락을 부드럽게 만들어
>   서로 엉키지 않게 해 준다.

3) 실리콘을 이용해서 머리카락의 표면에 균일하게 얇은 막을 씌우는 것도 머리카락을 부드럽게 만드는 방법 중 하나이다.

"실리콘이요? 그건 두피를 상하게 하는 성분이잖아요! 돈밖에 모르는 양심 불량 제조사들이 또 소비자들의 두피를 가지고 장난질을….”

실리콘처럼 억울하게 누명을 쓴 성분이 또 있을까? 사실 실리콘은 바셀린처럼 피부에 흡수되지도 않고 두피에 영원히 쩍 달라붙지도 않는다. 머리를 감으면 깨끗하게 씻겨 나가는 성분이다.

실리콘이 머릿결과 두피를 상하게 한다는 의혹은 모두 물로 깨끗이 헹구지 않아서 생긴 오해이다. 샴푸 겸 린스의 2 in 1 제품으로 머리를 감으면 머리카락이 부들부들해져 이것이 린스 효과 때문인지 아니면 깨끗이 헹구지 않은 것 때문인지 헷갈리는데, 제품의 잔여물이 두피에 오랫동안 쌓이면 당연히 두피가 손상된다.

샴푸 겸 린스 제품을 물로 충분히 헹궜는지는 거품을 보면 알 수 있다. 머리를 헹굴 때 더는 거품이 나지 않으면 깨끗하게 헹군 것이다.

샴푸 겸 린스의 2 in 1 제품을 사용해도 괜찮을까?

잔여물이 남지 않게 물로 깨끗하게 헹구면 2 in 1 제품을 사용해도 괜찮다. 하지만 세안과 다르게 샴푸는 무수한 머리카락이 두피를 덮고 있어서 반드시 제품이 모조리 씻겨 나갔는지 확인해야 한다.

  샴푸와 린스를 분리해서 사용하면 샴푸로 두피를 깨끗하게 씻은 뒤에 린스를 두피에 닿지 않게 머리카락에만 살짝 바르기 때문에 두피를 말끔하게 씻어 내지 못하는 상황이 발생하지 않는다. 머리를 깨끗하게 헹굴 자신이 없는 사람은 조금 수고스러워도 샴푸와 린스를 따로 사용하기를 바란다.

23 수제 비누는 천연적일 것이라는 착각

어느 날 한 독자에게 이메일을 받았다.

"박사님, 인터넷에서 비누 만드는 방법을 찾았는데 준비물에 기포제가 있었어요. 비누에 기포제를 넣어도 안전한가요? '코코넛 오일 기포제'이면 코코넛에서 추출한 물질이겠죠?"

수제 비누에 관심이 많은 독자인데, 원료의 출처를 궁금해했다. 과연 진실은 어떨까?

기포제는 천연적일까?

집에서 비누나 주방 세제를 만들 때 사용하는 기포제는 대부분 '코코넛 오일 기포제'라고 표기돼 있다. '코코넛 오일 기포제'가 코코넛에서 직접 추출한 천연적이고 순수한 물질일 것이라고 생각하면 큰 착각인데, 사실 이것은 인공적으로 합성한 물질이다.

아직 놀라기는 이르다. 수제 비누나 주방 세제를 만들 때 첨가해야 하는 합성 물질은 비단 기포제뿐이 아니다. 또 한 가지 사실을 말하자면 공방에서 구입한 기포제는 계면활성제이다. 수제 비누, 샴푸, 세탁제 등을 만들 때 계면활성제를 첨가하라고 하면 이것이 피부에 스며든 뒤에 뼛속까지 침투된다고 오해하는 사람이 많아서 비교적 중성적인 명칭인 '기포제'를 사용하는 것이다.

코카미도프로필베타인$^{\text{cocamidopropyl Betaine, CAPB}}$은 가장 많이 쓰이는 기포제이다. 코카마이드와 베타인을 합성해서 만든 물질이며, '코카마이드'는 코코넛 오일에서 유래되었다.

"코코넛 오일에서 유래했으면 천연적이겠죠?"

코코넛 오일 기포제는 디메틸아미노프로필아민$^{\text{dimethyl aminopropylamine, DMAPA}}$, 클로로아세트산$^{\text{chloroacetic Acid}}$ 및 라우르산$^{\text{Lauric Acid}}$의 화학 반응으로 만들어진다. 이 중에서 라우르산은 천연 유래 성분일 수 있지만 코코넛 오일 기포제는 결단코 인공적으로 합성한 물질이다.

"인공적으로 합성한 물질이라고요? 독성이 있을 테니 사용하면 안 되겠군요!"

워워, 오해하지 마시라. 코코넛 오일 기포제와 인공 합성 물질은 모두 사용해도 되는 물질이다. 진짜 나쁜 것은 명백히 천연 물질이 아닌 것을 '자연에서 온 100% 천연 코코넛 오일 추출물'이라고 속이는 것이다.

수제 세정제에 왜 인공적인 기포제를 넣을까?

사실 기포제를 첨가하는 이유는 세정 효과를 높이기 위해서이다. 다시 말해서 기포제를 넣지 않으면 세정 효과가 크게 떨어진다. 인터넷을 검색하면 과일이나 채소를 세척하는 수제 '레몬 세정제'를 만드는 방법을 쉽게 찾을 수 있는데, 천연적인 레몬즙을 많이 첨가할수록 좋다고 소개한다. 하지만 레몬 세정제에서 정작 세정 효과를 내는 것은 코코넛 오일 기포제이다.

원료만 놓고 볼 때 수제 레몬 세정제와 시중에서 판매되는 일반 과일·채소용 세정제는 별 차이가 없다. 똑같이 인공 합성한 계면활성제를 사용해 놓고 천연적이라고 소개하는 것은 대중을 기만하는 것이 아닌가?

법적으로 사용이 허락된 계면활성제는 크게 위험하지 않다는 것을 강조하고 싶다. 사람들에게 계면활성제가 위험한 물질이라고 인식된 주된 이유는 앞서 이야기한 노닐페놀류 계면활성제 때문이다. 노닐페놀 에톡시레이트가 자연계에서 분해되고 남은 물질인 노닐페놀은 환경 호르몬의 일종이고 생태계를 파괴해서 이미 가정용 세제에 사용이 금지되었다. 그 밖에 계면활성제는 사용해도 안전하다.

이런 사실을 모른 채 계면활성제라고 하면 무조건 "No!"를 외치는 사람들은 "난 코코넛 오일 기포제를 써. 천연적이고 순수하고 오가닉하고 비 인공적이니까"라고 말한다. 코코넛 오일 기포제가 인공 합성한 계면활성제인데도 말이다. 속은 줄도 모르고 좋아하는 것이 이들이 원하는 결과였을까?

'100% 천연' 수제 비누의 거짓말

수제 비누 만들기는 최근 10년 동안 꾸준히 인기를 끈 수공예 활동이다. 소소하게 만드는 재미가 있을 뿐더러 향도 좋고 모양도 예쁜 완성품은 실제로 사용할 수 있어서 취미 삼아 만들기에 매우 이상적이다. 하지만 '100% 천연', '화학 물질 무첨가'를 추구하기 위해서 비누를 직접 만들어 사용하거나 수제 비누를 구매하면 아마 크게 실망할 것이다. 인공적으로 합성한 화학 물질이 없이 수제 비누를 만드는 것은 불가능하기 때문이다.

필요한 첨가물 : 수산화나트륨

수제 비누이건 공장에서 대량 생산한 비누이건 모든 비누는 '비누화'라는 화학 반응을 거쳐야 끈적끈적한 유지油脂가 때를 깨끗이 씻어 내는 비누로 변한다. '비누화'는 어떻게 일어날까? 유지와 알칼리성 물질을 한데 넣고 가열하면 된다. 과거에 어머니들은 짚을 태운 재를 알칼리성 물질로 사용했다(짚을 태운 재 속에 들어 있는 천연 탄산가리가 바로 탄산칼륨이다). 하지만 요즘은 짚을 한가득 태워서 재를 만들기가 어렵기 때문에 수산화나트륨을 사용해서 비누를 만든다. 사람들이 재료상에서 구매한 수산화나트륨은 모두 인공적으로 합성한 물질이다.

꼭 필요하지 않지만 첨가되는 물질 : 방부제, 점도 증가제

수제 비누나 액체 비누에 방부제를 첨가할 필요가 있을까? 개인적으로 만들어서 바로 사용한다면 굳이 첨가할 필요가 없다. 수제 비누나 액체 비누를 만들 때 모든 재료를 부글부글 끓이는 과정에서 기본적으로 살균이 되기 때문이다.

또한 완성된 뒤에 곧바로 밀봉해서 보관하거나 바로 사용하면 방부제를 첨가하지 않아도 비누가 망가지지 않는다. 하지만 비누화가 덜되어 비누에 유지가 남아 있거나 밀봉해서 보관하지 않으면 곰팡이가 필 수 있다.

가정에서 비누를 직접 만들 땐 얼마든지 방부제를 뺄 수 있다. 하지만 시중에서 판매하는 액체 비누는 방부제를 빼고 싶어도 그럴 수 없다. 소비자가 제품을 구입한 뒤에 언제쯤 사용할지, 얼마 만에 다 사용할지 제조사가 어떻게 아는가?

시중에서 판매하는 '수제 액체 비누'에 적당량의 항균제를 첨가하는 것은 제품이 상하는 극단적인 상황을 방지하려는 조치인 점에서 이해할 수 있다.

점도 증가제는 진짜로 불필요한 첨가물이다. 자주 사용되는 잔탄검, 에틸셀룰로스, 코코넛 오일 점도 증가제 등은 모두 인공적으로 합성된 물질이다. 천연적인 것을 추구하면서 굳이 점도 증가제를 첨가할 필요가 있을까?

천연 글리세린과 인공 글리세린은 같은 '뿌리'다

"저희 수제 비누에 함유된 글리세린은 비누화 반응에서 자연스럽게 생성된 천연 글리세린입니다. 인공적으로 합성한 글리세린과 달리 피부 알레르기를 일으키지 않습니다."

어느 수제 비누의 광고를 보고 할 말을 잃었다. 인공 글리세린은 뭘까? 비누화 반응의 생성물에서 따로 분리해 낸 물질이다. 따라서 세상의 모든 글리세린은 비누화 반응에서 자연스럽게 생성된 천연 글리세린이다.

수제 비누의 장점은 아예 없는 것일까?

"박사님, 수제 비누에 방부제도 들어가고 화학 물질도 들어가고…. 이럴 바에는 직접 만들어서 쓰는 의미가 없지 않아요?"

오해하지 마시라. 솔직히 수제 비누나 공장에서 대량 생산한 비누나 성분은 대부분 거기서 거기다. 하지만 비누를 직접 만들면 스스로 원료를 선택하고 구매하기 때문에 품질을 관리할 수 있다.

예를 들어 올리브 비누에 진짜 올리브오일을 첨가하고 모유 비누에 진짜 모유를 첨가하는 등 명칭만 그럴싸한 가짜 첨가물이 아니라 신선한 진짜 원료를 사용할 수 있다.

허울뿐인 '100% 천연', '100% 식물성', '인공 합성물 무첨가'가 아니라 좋은 원료를 엄선하고 자신의 피부 유형에 맞는 비누를 만드는 것이 수제 비누를 만드는 가장 큰 의미이다.

건강을 위해서 '천연'을 맹신하지 말자

조금 더 나은 품질을 추구하는 것은 멋진 일이다. 하지만 최근 몇 년 동안에 '천연'을 추구하는 것은 하나의 유행이자 마케팅 트렌드가 되었다. 뭐든지 식물 추출물을 첨가하면 졸지에 천연 제품이 되고, 제품명 앞에 '유기농'이라는 왕관을 씌우면 순식간에 환경 보호에 앞장서는 제품이 된다. 실상은 전혀 그렇지 않은데도 말이다.

한번 생각해 보자. 당신은 왜 천연, 유기농, 식물 추출물을 추구하는가? 아마 자신과 가족의 건강을 지키기 위해서리라. 법적으로 사용이 허락된 성분을 첨가하고, 포장지에 전성분을 명확하게 표기하고, 가격이 지나치게 저렴하지 않고, 세정 효과와 기능성 효과가 뛰어나면 제품에 인공 합성 물질이 부분적으로 첨가되어도 건강을 해치지 않는다.

자신이 구입한 제품에 어떤 성분이 첨가되었고 그것이 건강에 어떤 영향을 주는지 이해하는 것은 절대적으로 합리적인 투자이다. 이에 반해 자세한 내용은 따지지도 않은 채 포장지에 인쇄된 '100% 천연', '식물 추출물 첨가'라는 문구만 믿고 이들 제품을 맹신하는 것은 매우 비합리적인 행위이다.

24

거품이
많으면
피부가
상할까?

보디클렌저와 수제 비누 성분에 관한 칼럼을 발표한 뒤에 세안제에 관한 독자들의 질문을 많이 받았다.

"폼클렌징 성분표를 보니까 전부 화학 물질이에요. 충격이에요!"

"식물에서 추출한 성분이 있는 세안제는 다 비싸요. 천연 성분으로 만든 세안제와 화학 성분이 들어간 세안제의 효과가 많이 다른가요?"

모든 질문을 쭉 읽고 구글에서 검색하다가 몇 가지 '흥미로운' 광고를 발견했다.

다음은 천연 성분이 들어간 폼클렌징의 광고 내용이다.

"매일 사용하는 폼클렌징이 화학 물질 덩어리인 사실을 아세요? 계면활성제가 들어간 세안제의 거품으로 날마다 세안하면 좋은 화장품을 발라도 피부가 좋아지지 않아요."

어느 수제 비누의 광고는 이랬다.

"시중에서 판매하는 폼클렌징은 왜 거품이 날까요? 비누 베이스가 들어갔기 때문이에요. 거품이 많이 나는 것은 피부를 망가트리는 기포제가 그만큼 많이 들어간 것을 의미해요!"

소비자의 공포를 부추기는 광고 문구 중에서 몇 퍼센트가 사실일까? 광고 문구에 현혹되지 말고 무엇이 사실인지 알아보자.

의문 1. 화학 성분이 들어간 세안제와 그렇지 않은 세안제의 효과는 많이 다른가요?

좋은 질문이다. 솔직히 세상에 화학 성분이 들어가지 않은 세안제는 없다! 보충 설명을 하면 화학 성분이 없는 비누, 샴푸, 보디클렌저는 없다. 이뿐이랴. 화학 성분이 없는 세탁제, 화장실·주방 청소 세제도 없다. 수제 비누에서 청결 효과를 내는 성분도 일반 비누와 같은 화학 성분이다. 더욱이 수제 비누는 비누화 과정에서 인공적인 화학 성분인 수산화나트륨을 첨가한다.

물론 화학 성분이 덜 들어가고 피부에 덜 자극적인 유기농 인증을 받은 제품도 있다. 하지만 시중에서 판매하는 제품 중에서 '화학 물질 무첨가'라는 문구를 보면 100% 사실이 아님을 알아야 한다.

"박사님, 화학 성분이 안 들어간 제품이 진짜로 없나요?"

솔직히 진짜로 없다! 하지만 천연적이고 비인공적인 세안제는 있는데 대두 가루와 차 찌꺼기가 그것이다. 가공하지 않은 대두 가루와 차 찌꺼기는 천연적이고 비인공적이며, 세정력도 뛰어나다. 하지만 이것을 얼굴에 사용하기가 망설여지는데, 불편한 것은 둘째 치고 지나치게 많은 양으로 각질을 제거하면 되레 피부에 잔 상처가 날 수 있다.

의문 2. 기포제나 비누 베이스가 많이 들어간 세안제는 피부를 상하게 하나요?

사실이 아니다! 아니다! 아니다! 중요한 내용이라서 세 번 반복했다. 모든 폼클렌징, 보디클렌저, 샴푸는 세정력을 위해서 반드시 계면활성제가 들어간다. 또한 계면활성제는 물과 공기를 만나면 반드시 거품을 일으킨다. 따라서 거품이 많은 제품이 피부를 상하게 한다는 근거 없는 소문을 믿으면 안 된다. 외려 거품이 나지 않으면 세정력이 없는 것이므로 깨끗하게 씻을 수 없는 것을 걱정해야 한다.

비누 베이스 역시 피부를 상하게 하는 나쁜 물질이 아니다. 비누 베이스와 수제 비누에 들어가는 '비누' 성분은 유지와 수산화나트륨이 비누화 반응을 거친 뒤에 생성되는 계면활성제라는 점에서 서로 같다.

비누 베이스가 피부를 상하게 한다는 말은 pH 수치에서 비롯된 오해이다. 비누 베이스는 대부분 알칼리성이고 유지를 용해하는 효과가 뛰어나서 피부를 건조하게 만든다.

하지만 최근에 판매되는 비누나 비누 베이스를 첨가한 세안·목욕 제품은 대부분 pH 수치를 조절해서 예전만큼의 알칼리성은 아니다.

의문 3. 어떤 세안제가 피부에 남지 않고 여드름을 유발하지 않을까요?

어떤 사람들은 비누는 물에 깨끗하게 헹구어져 피부에 남지 않지만 폼클렌징은 남는다고 생각한다. 큰 착각이다. 세안·목욕 제품이 피부에 잔류하는 여부는 제품이 고체 상태이냐, 액체 상태이냐가 아니라 사용 방법과 관계있다.

폼클렌징은 손에 덜어서 물과 함께 거품을 만들어서 쓰지, 마른 얼굴에 직접 짜서 쓰지 않는다. 세안·목욕 제품은 물과 혼합해서 사용할 때 세정 효과가 있고 피부의 분비물이 씻겨 나간다. 거품은 제품과 물이 충분히 섞였을 때 일어나는 현상이며, 계면활성제와 피부 분비물이 완전히 유화된 것을 의미한다. 따라서 물로 헹구면 피부에 남지 않고 깨끗하게 씻겨 나간다.

정리하면 세안·목욕 제품은 물과 만났을 때 세정력이 높아진다. 몇 번씩 헹구어도 피부가 계속 미끌미끌한 것은 거품을 충분히 내지 않아서 계면활성제가 잘 씻기지 않는 것이다. 괜한 거품 탓은 그만하자!

아직도 세안제에 첨가된 화학 성분이 두려운가? 사실인 양 그럴싸하게 포장된 잘못된 내용에 더는 놀라지 마시라. 화학 성분, 계면활성제를 첨가하지 않고 세안제를 만드는 것은 불가능하다. 세안제는 자신의 피부 상태에 맞는 적당한 세정력을 가진 것을 선택해서 사용하면 된다.

보디클렌저를
사용한 뒤
몸이 미끌미끌한
이유

독자들의 요청에 부응해 수제 비누에 관한 칼럼을 발표하
자, 다른 질문들이 쏟아졌다.

"박사님, 저희 집은 비누보다 보디클렌저가 더 편리해
서 샤워할 때 보디클렌저를 사용하는데요. 어떤 보디클렌
저를 선택하면 좋을까요?"

"어느 보디클렌저는 샤워 후에 피부가 땅기지 않는 점
을 강조합니다. 하지만 샤워한 뒤에 피부가 미끌미끌하면
보디클렌저의 첨가물이 피부에 남은 게 아닌가요?"

"요즘에 퍼퓸 보디클렌저가 유행이에요. 이들 제품에
에센셜 오일이 진짜로 들어 있나요?"

하! 질문이 한둘이 아닌데, 어느 것이 사실이고 어느 것이 거짓일까?

샤워 후에도 미끌미끌한 보디클렌저는 영양분이 많은 것일까, 첨가물이 많은 것일까?

언제부턴가 보디클렌저 광고는 '샤워 후에도 매끄럽고 촉촉함'을 강조하기 시작했다. 이후 매끈함과 촉촉함은 사람들이 보디클렌저를 선택하는 중요한 지표 중의 하나가 되었고, 산뜻한 타입의 보디클렌저를 찾아보기가 어렵게 되었다. 과거에 세숫비누로 샤워하는 시절에는 샤워 후에 피부가 건조한 것을 당연하게 생각했다. 한데 어떤 마법의 가루를 뿌렸기에 보디클렌저는 샤워 후에도 피부가 땅기지 않을까?

보디클렌저, 샴푸, 폼클렌징, 세숫비누의 목적은 모두 같다. 시쳇말로 '개기름'이라고 부르는 피부 표면의 때를 깨끗하게 씻어 내는 것이다.

하지만 개기름뿐 아니라 원래 피부 표면에 적당히 있어야 하는 유분마저 동시에 씻어 내기 때문에 피부가 건조해지고 땅기는 느낌이 든다. 정상적인 현상이지만 어느 누가 이런 느낌을 좋아하랴. 그래서 샤워 후에도 피부가 매끈하고 촉촉한 제품이 탄생했다!

물론 앞뒤가 안 맞는 구석이 있다. 더러운 때를 깨끗이 씻어 내기 위해서 세안과 샤워를 했는데 씻은 뒤에도 여전히 피부가 미끌미끌하다? 이것은 세안·목욕 제품의 일부 물질이 피부에 남았다는 의미인데 조금 이상하지 않은가?

샤워 후에도 피부가 매끄럽고 촉촉할 방법은 두 가지다. 첫 번째는 세정력을 낮추는 것이고 두 번째는 제품에 글리세린류의 보습과 영양 성분을 첨가하는 것이다.

건성, 민감성 피부인 사람은 이 두 가지 방법으로 만든 제품을 사용하는 것이 좋다. 자칫 세정력이 지나치게 센 제품을 사용하면 피부 표면의 유분이 과도하게 씻겨나가 알레르기 반응, 피부 붉어짐, 간지러움 등의 불편한 현상을 겪을 수 있기 때문이다.

하지만 운동량이 많아서 땀과 피지 분비가 왕성한 사람은 이런 제품이 도움이 되지 않는다. 땀과 피지를 깨끗하게 씻어내지 못해 여드름이 날 수 있기 때문이다.

개인적으로 샤워한 뒤에 피부가 지나치게 땅기는 것은 싫다고 해서 일부러 촉촉한 보디클렌저를 살 필요는 없다고 생각한다. 옛말에 과유불급이라고 하지 않았나. 지나치게 건조한 것과 지나치게 촉촉한 것 모두 피부에 썩 반가운 일이 아니다!

퍼퓸 보디클렌저에 천연 식물에서 추출한 에센셜 오일이 진짜로 들어 있을까?

에둘러 설명하지 않겠다. 퍼퓸 보디클렌저를 한 번 푹 눌러 짰을 때 샤워실을 가득 채우는 풍성한 향기는 천연 식물에서 추출한 에센셜 오일이 아닐 가능성이 매우 높다.

제조사의 수지 타산이 안 맞기 때문인데, 천연 식물에서 추출한 에센셜 오일로 향기가 진동하는 500mm짜리 보디클렌저를 만들려면 에센셜 오일만 몇만 원어치를 첨가해야 한다. 시중에서 몇천 원에 판매하는 퍼퓸 보디클렌저에 천연 식물에서 추출한 에센셜 오일을 일부 첨가할 수 있지만 대부분은 합성 향료를 사용한다.

그러면 자신이 사용하는 보디클렌저가 '합성 향료' 보디클렌저인지 어떻게 알 수 있을까? 보디클렌저 통의 겉면을 확인하시라. 첨가량이 많은 순으로 나열된 전성분표에서 혹시 에센셜 오일보다 'Fragrance(합성 향료)'가 앞쪽에 있는가?

하지만 합성 향료의 존재를 너무 신경 쓸 필요는 없다. 보디클렌저는 길어야 피부에 몇 분 동안 얹어졌다가 물로 바로 헹구어 낸다. 합성 향료 덕에 샤워하는 동안 스트레스가 풀리고 기분이 좋아지고 깊은 잠을 잘 수 있으면 이것 또한 좋지 않은가?

26

세정제는 모두
항균 효과가
있어야
한다?

최근에 '트리클로산^{triclosan}이 암을 유발한다'는 해묵은 화제
가 신문에 재차 등장하자 친구가 물었다.

"몇 년 전까지 '트리클로산 함유'를 자랑스럽게 표기한
안티 트러블 폼클렌징, 항균 손 세정제가 많았어. 마치 트
리클로산이 대단한 성분인 것처럼. 한데 요즘은 트리클로
산이 유해한 성분이라도 되는 것처럼 '트리클로산 무첨가'
를 표기한 제품들이 많아. 둘 다 같은 성분이지 않아?"

사실 트리클로산은 생활용품에 광범위하게 사용되는
성분이다. 또한 대형 제조사와 유명 브랜드에서 자주 사용
하는 성분인 만큼 불법적이거나 인체에 즉각적인 위해를

주는 성분일 리는 없다. 한데 왜 이렇게 좋네 나쁘네, 하는 논쟁을 일으킬까?

트리클로산은 뭘까?

트리클로산은 '전천후' 살균제이다. 대장균, 황색포도상구균, 칸디다균, 곰팡이는 물론이고 바이러스까지 파괴해서 치약, 구강 청결제, 손 세정제, 보디클렌저, 세탁제, 여드름 케어 제품 등과 같은 제품에 방부제 및 항균제로 광범위하게 사용된다. 하지만 얼굴 부위의 기능성 제품에는 사용되지 않는다.

트리클로산은 독성이 있을까?

트리클로산을 직접적으로 먹는 것은 안 된다. 하지만 피부에 사용하는 것은 FDA와 유럽 연합의 기준을 살펴볼 필요가 있다. 유럽 연합이나 미국의 경우 트리클로산을 합법적으로 사용할 수 있지만, 제품에 첨가하는 양은 0.3%로 제한한다.

트리클로산에 대한 실험용 쥐의 반수 치사량^{LD50}은 5,000mg/kg보다 높다. 다시 말해서 트리클로산은 독성이 낮은 물질이다. 하지만 동물 실험 결과 트리클로산을 장기 섭취한 쥐는 간경변증 및 간암에 걸릴 위험이 높은 것으로 밝혀졌으며, 일부 연구 결과 트리클로산은 환경 호르몬처럼 동물의 호르몬 조절을 방해하는 것으로 나타났다. 또한 사용량을 0.3%로 제한했을 때 인체에 아무런 영향을 주지 않는다는 확실한 연구 결과도 아직 없다.

하지만 트리클로산은 수돗물의 잔류 염소와 반응해 클로로포름^{chloroform}을 생성한다. 클로로포름은 명백한 발암 물질이다. 비록 피부에 사용했을 때 생성되는 극소량의 클로로포름은 이론적으로 인체에 아무런 영향을 주지 않지만, 암에 걸릴 가능성이 전혀 없다고 장담할 수 없다.

굳이 트리클로산으로 손을 씻을 필요가 있을까?

트리클로산은 대부분 항균 제품에 첨가된다. 그러면 트리클로산이 첨가된 항균 제품은 그렇지 않은 제품보다 균에 저항하는 효과가 뛰어날까? 정답은 '꼭 그렇지 않다'이다. 손발을 깨끗이 씻고 꼼꼼히 샤워하면 굳이 항균 제품을 사용하지 않아도 된다.

다음으로, 다양한 종류의 항균 제품이 진짜로 필요할까? 의사와 간호사처럼 손을 고도로 청결하게 유지해야 하는 사람이 아니면 항균 제품으로 손을 씻을 필요가 없다.

필요하지 않은 사람이 굳이 항균 제품으로 손을 씻는 것이
외려 문제이다.

환경에 주는 충격

아직 트리클로산이 인체에 나쁜 영향을 준다고 밝혀진 명
확한 증거는 없다. 하지만 트리클로산의 강력한 살균 작용
이 생태계를 위협하는 것은 확실하다. 트리클로산을 함유
한 제품이 하천에 흘러들어 가면 수중의 미생물이 소멸되
어 조류가 직접적인 영향을 받고, 일부 수중 생물의 체내에
축적되면 상위 단계의 생물이 영향을 받는다.

　이 밖에 항생제를 남용하면 내성이 생기는 것처럼 일
부 세균은 트리클로산에 대한 내성이 생기기 시작했다. 지
금처럼 항균제를 남용하면 어느 날 정작 항균제가 필요할
때 원하는 효과를 얻지 못할 수 있다.

　정리하면 트리클로산을 사용해도 인체에 즉각적인 위
험이 없고 극강의 항균 효과를 얻을 수 있으므로 현재 트
리클로산이 첨가된 제품을 사용해도 당황할 필요는 없다.
하지만 생태계에 주는 영향을 생각해서 진짜로 필요할 때
(심각한 여드름을 완화하거나 플라크를 제거하거나 수술 부위
를 살균할 때)만 항균 제품을 사용하시라!

Part 3.

미용에 관한 화학 상식

27

왜 '여드름 방지' 제품을 사용한 뒤에 여드름이 날까?

파운데이션, 샴푸, 보디클렌저 등 개인용품을 구매할 때 '안티 트러블', '미네랄 오일 프리' 등 괜히 마음을 놓이게 하는 문구를 발견한 적이 있는가? 제조사는 왜 이런 문구를 사용할까? 또 어떤 물질이 여드름을 유발할까? 한번 속 시원히 알아보자.

오일 프리의 정의

'오일 프리$^{Oil\ Free}$'라는 문구는 기초 화장품이나 베이스 메이크업 단계의 제품에서 자주 볼 수 있다. 파운데이션에 '오일 프리'라고 쓰여 있으면 왠지 화장이 가볍고 산뜻하게 될 것 같은 좋은 기분이 든다. 특히 지성 피부의 여성들은 '오일 프리', '매트 타입'이라는 말을 들으면 눈빛을 반짝인다. 해당 제품을 사용하면 여드름이 나지 않고 모공도 커지지 않을 것이라는 기대감 때문이리라.

하지만 현실은 그렇게 단순하지 않다. 사실 포장지에 인쇄하는 홍보 문구는 법적 제재를 받지 않는다. 따라서 '오일 프리'는 제품에 오일 성분이 전혀 없는 것이 아니라 제품의 제형과 촉감이 수용성(액체나 겔 형태)에 가까워서 가볍고 산뜻한 것을 의미한다. 제품에 동식물의 유지나 밀랍이 전혀 첨가되지 않았어도 끈적이지 않고 산뜻한 제형을 가진 실리콘류나 합성 에스테르류가 첨가되었으면 진정한 '오일 프리'라고 할 수 없다.

그러면 '미네랄 오일 프리'는 어떨까? 요즘에 무슨 이유인지 알 수 없지만 마치 미네랄 오일이 나쁜 물질이라도 되는 양 '미네랄 오일 무첨가'라고 홍보하는 에멀션이나 립밤을 자주 볼 수 있다. 아무래도 피부에 흡수되지 않는 데다가 '광물질'이라는 딱딱한 이미지까지 더해져 미네랄 오일을 바르면 모공이 막힌다고 오해하는 것 같다.

미네랄 오일은 피부에 바로 흡수되지 않고 표피에 오랫동안 머무는 성질이 있다. 하지만 외려 이 점 덕분에 피부의 수분이 증발하는 것을 막아 좋은 '수분 잠금 장치'가

될 수 있다. 많은 사람이 피부 보습의 '끝판왕'이라고 생각하는 바셀린도 미네랄 오일의 일종이다.

'오일 프리'나 '미네랄 오일 무첨가'라는 문구가 사람들의 주의를 끄는 것은 '오일이 여드름을 유발한다'는 잘못된 인식 때문인 듯싶다. 즉 오일 성분이 없으면 여드름이 나지 않을 거라고 생각하는 것이다. 하지만 안타깝게도 사람의 피부는 그렇게 단순하지 않다. 실제로 여드름을 악화시키는 대다수의 성분은 유지油脂가 아니고 오일을 피부에 발라도 그렇게 기름지지도 않는다.

여드름 · 뽀루지 유발 방지, 진짜 효과 있을까?

'여드름 유발 방지'나 '안티 트러블'은 피부에 도포하는 화장품에서 자주 볼 수 있는 표현이다. 화장품 하나로 피부 트러블을 예방하고 덤으로 자외선 차단 효과까지 얻을 수 있다고 생각하면 근사하지 않은가?

이것은 명확한 정의가 없는 마케팅 용어이다. 특정 성분의 여드름 유발 여부를 확인할 수 있는 과학적인 검증 방법은 아직 존재하지 않는다. 어떤 화장품이 여드름이나 뽀루지를 유발하는지는 단일 성분이 아니라 원료의 배합, 성분의 농도, 개인의 체질, 피부 상태의 영향을 크게 받는다.

설령 전성분이 표기되어 있어도 피부 트러블 유발 여

부는 실제로 사용해 봐야 알 수 있다. 따라서 다시는 마케팅 문구에 속으면 안 되고, 내게 "박사님, 이 성분이 피부 트러블을 유발하는 거죠?"라고 끈질기게 물어도 안 된다.

진짜로 몰라서 그렇다. 기껏해야 이렇게 말해줄 수 있는 정도이다.

"제 피부에는 괜찮았어요. 한데 당신 피부에도 맞을지 모르겠네요."

실리콘 프리의 진실

얼마 전부터 TV에 '실리콘 무첨가 샴푸' 광고가 등장하기 시작했다. 혹시 발견한 사람이 있는지 모르겠는데, 본래 샴푸는 실리콘이 거의 첨가되지 않는다!

실리콘의 기능은 모발에 윤기를 돌게 한다. 따라서 샴푸와 린스의 기능이 합쳐진 2 in 1 제품이 아닌 이상 기본적으로 샴푸에 실리콘은 없다. 다시 말해서 '실리콘 무첨가 샴푸'는 '무알코올 녹차'라는 표현과 다를 바가 없는 상술이다.

실리콘은 산뜻한 사용감을 느낄 수 있는 지용성 물질로, 주로 헤어 컨디셔너에 사용된다. 모발의 케라틴이 손상된 부분을 채워 두발을 찰랑거리게 만드는 효과가 있다. 사실 실리콘은 바셀린처럼 피부에 흡수되지 않고 두발과 두피에 착 달라붙지도 않아서 물로 깨끗하게 헹구면 머릿결이나 두피가 상하지 않는다.

2 in 1 헤어 세정제는 물로 헹군 뒤에도 여전히 미끈거려서 이것이 린스 효과 때문인지 깨끗이 씻어내지 않아서인지 헷갈릴 때가 많다. 만약에 깨끗이 헹구지 않아서 미끈거리는 것이라면 장기적으로 모발과 두피에 문제가 생길 수 있다. 사실 헤어 세정제를 깨끗하게 헹구지 않으면 설령 실리콘 무첨가 샴푸를 사용해도 탈모가 일어난다. 다시 말해서 모낭을 막는 원흉은 실리콘이 아니라 물로 깨끗하게 헹구지 않은 것이다!

논케미컬은 불가능하다

이미 앞서 여러 번 설명했지만 다시 한 번 강조한다. '논 케미컬', '케미컬 프리'는 불가능하다!

왜일까? 종류를 불문하고 공장에서 생산되는 제품은 단 한 번이라도 사용하면 미생물이 번식해서 반드시 일정량의 방부제를 첨가해야 한다. 그렇지 않으면 세균 범벅이 되어 건강을 크게 해칠 수 있다. 수제 비누도 수산화나트륨을 넣어서 비누화 반응을 일으킨다. 제품의 포장지에 인쇄된 '무첨가'라는 문구는 일단 소비자를 안심시키는 효과는 있지만, 제품에 화학 물질이 소량 첨가되어도 사용할 수 있는 표현이다. 화학 물질이 일절 첨가되지 않은 제품이 상점에 진열되어 있는 것은 꿈에서나 가능한 일이다!

샤워 용품부터 기능성 화장품, 색조 화장품까지 시중에서 소비자의 선택을 기다리는 제품의 수는 끝이 없다. 각각의 제조사가 온갖 상술을 써가며 소비자의 눈길을 끌려고 노력하는 이유를 이해하지 못하는 바는 아니다. 하지만 실질적으로 의미가 없거나 사실이 아닌 표현이 있을 수 있으므로 각자 자신의 지식과 경험에 근거해서 판단해야 한다.

28

식물성
염색약은
모두
안전하다고?

미용 업계는 빠르게 변화하는 유행에 발맞추어 참신한 제품을 끊임없이 출시한다. 외모에 관심이 많은 여성은 모두 알 텐데, 최근 몇 년 동안은 가을, 겨울만 되면 '무지갯빛' 헤어 컬러가 유행했다. 우리 회사의 여직원 중에도 색깔별로 물든 화려한 헤어스타일의 사진을 공유하며 이참에 자신들도 헤어 컬러를 과감하게 바꿀까 고민하는 사람이 많았다.

그래서 내게 물었다.

"박사님, 염색하면 건강에 안 좋다면서요? 염색약의 화학 성분이 건강을 해친다고 들었는데, 구체적으로 신장이 망가지나요, 간이 망가지나요? 그래도 식물성 염색약은 괜찮겠죠?"

내 대답은 이랬다.

"글쎄요, 요즘은 기술이 좋아져서 예전에 비해 순하고 덜 자극적인 제품이 많이 나와요. 하지만 안타깝게도 염색약은 그 대열에 끼지 못했어요."

그렇다. 머리카락을 염색하면 소위 '소확행'의 긍정적인 에너지를 얻고 확실히 기분 전환을 할 수 있다. 하지만 피부와 머리카락에 좋기만 하고 나쁜 점은 티끌만큼도 없는 염모제는 없다. 결론부터 내리자!

첫째, 식물성 염색약으론 무지갯빛 염색 효과를 얻을 수 없고 한 달도 채 되지 않아 염색한 색깔이 빠진다. 둘째, 식물성 염색약도 사람에 따라서 알레르기 반응이 일어날 수 있다.

염색약의 약제는 어떻게 머리카락에 색깔을 입힐까?

샴푸 광고에서 한 번쯤 머리카락의 단면도를 본 적이 있으리라. 머리카락의 표면은 비늘 조각인 큐티클로 편편이 덮여 있다. 큐티클의 안쪽에는 '모피질'이, 다시 그 안쪽에는 '모수질'이 존재한다. 염료가 물에 씻겨 나가지 않으려면 반드시 큐티클층을 통과해야 하는데, 큐티클은 알칼리 환경에서는 활짝 열리지만 산성 환경에서는 꼭 닫힌다. 염색약을 큐티클층에 통과시키는 방법은 다음과 같다.

반영구 염모제 : 1제 염모제

알칼리성 약제를 이용해서 큐티클층을 활짝 열고 염료를 모피질에 침투시키거나 산성의 미세분자 염료를 큐티클층에 통과시킨 뒤에 모피질에 머무르게 하는 염색약이다.

반영구 염모제는 머리카락 본래의 색소 입자인 멜라닌과 결합하지 않는 탓에 부착력이 매우 약하다. 이 때문에 보통 2~3주가 지나거나 머리를 일고여덟 번 감으면 염료가 거의 다 빠진다. 미용실에서 사용하는 염색약과 시중에서 판매되는 DIY 염색약은 대부분 영구 염모제이다.

영구 염모제 : 2제 염모제

반영구 염모제에 암모니아와 PPD 같은 인공 합성염료를 첨가한 염모제이다. 암모니아의 알칼리성을 이용해서 큐티클층을 활짝 열고 인공 합성염료를 머리카락에 침투시킨 뒤에 과산화수소수를 이용해서 머리카락을 탈색하고 산화시켜 머리카락의 멜라닌과 염료를 결합시키는 원리를 이용한다.

원래의 머리카락 색깔이 과산화수소수에 의해 빠진 상태에서 모피질에 침투한 염료와 멜라닌이 결합했기 때문에 머리카락이 새로 자라는 부분을 제외하고 염료가 머리카락에서 영구적으로 빠지지 않고 질감도 자연스러워서 소비자들에게 가장 사랑받는다.

PPD가 없으면 그것의 '형제'가 있다

"염색을 자주 하면 신장이 망가진다!"라는 말을 들어본 적이 있으리라. 염색약의 성분 중에서 신장을 망가트리는 원흉은 앞서 등장한 'PPD' 즉 파라페닐렌디아민이다. PPD가 신장에 부담을 준다는 것은 이미 사실로 확인되었다. PPD는 두피의 모낭을 통해서 흡수된 뒤에 혈액을 따라서 신장에 들어가 소변으로 배출된다. 따라서 신장에 부담을 주지 않기 위해서 PPD가 첨가되지 않은 염색약을 사용하는 것이 바람직하다.

요즘은 제조사도 PPD의 문제점을 인식했는지 'PPD 무첨가'라고 표기된 염색약이 많다. 하지만 안타깝게도 염색의 목적을 달성하기 위해선 어쨌든 PPD와 비슷한 성질을 가진 성분, 예컨대 레조르시놀, DOPA 등을 첨가해야 한다. 이들 성분의 구조는 PPD와 비슷하고, 알레르기를 일으킬 위험성이 있다. 쉽게 말해 영구 염모제를 사용하면 알레르기 반응이 일어나고 두피가 간지러운 부작용을 겪을 수 있다고 생각하면 된다. 그렇다면 식물성 염색약은 어떨까?

식물성 염색약은 뭘까?

일상에서 흔히 접할 수 있는 식물성 염료는 헤나[henna], 인디고[indigo], 커피, 차 등이 있다. 이 중에서 헤나는 로우손[lawsone]이라는 성분이 함유돼 있는데, 이것은 인체의 단백질에 친화적이라서 머리카락과 피부에 잘 들러붙는다. 인도의 여성들이 헤나를 이용해서 그린 아름다운 문신이 2주 동안 유지되는 것은 이 성분 때문이다.

　100% 천연 식물성 염료로 머리카락을 염색하면 염료의 색이 오랫동안 유지되지 않는다. 염료가 머리카락의 큐티클층에 침투하지 않고 겉면에 입혀져 머리를 감으면 2~3주 안에 염료의 색깔이 모두 빠진다. 만약에 식물성 염색약의 염색 효과가 몇 개월 동안 지속된다면 해당 제품에 암모니아, 과산화수소수가 첨가되어 머리카락의 큐티클층을 열고 원래의 머리카락 색깔을 뺀 것이다. 다시 말해서 식물성 염색제도 염색 효과를 오랫동안 유지하려면 어쩔 수 없이 화학 물질을 첨가해야 한다. 또한 식물성 염색제를 사용하면 알레르기 반응이 아예 안 일어나는 것이 아니라 일어날 확률이 낮은 것이다.

　식물성 염료는 세 개의 색을 낼 수 있다. 적갈색(헤나), 짙은 갈색(커피나 차), 파란색(인디고). 색의 종류가 적어도 어쩔 수 없다. 자연에서 얻은 염료라 이렇게 소박한 색깔밖에 못 내는 것을 어떻게 하겠는가?

만약에 솜사탕이나 마카롱처럼 알록달록한 색을 내는 염색약을 구매했는데 포장지에 '천연 식물성 염색약'이라고 표기되어 있으면 '꿈도 야무진' 염색약이라고 할까? 해당 제품은 100% 식물성 염료로 만든 염색약이 아니고, 단지 자연 유래 성분이 첨가된 염색약이다.

원래 염색은 '천연'적이지 않다

이제 헤어 염색은 머리카락의 성질을 강제로 바꾸는 조금도 천연적이지 않은 일임을 이해했을 것이다. 당장에 염색할 필요가 없고, 자연스럽고 건강한 생활을 좋아하는 사람은 그나마 안심할 수 있는 식물성 염색약을 찾는 것보다 아예 염색을 안 하는 것이 낫다.

알레르기 반응이 전혀 없는 건강한 젊은이는 가끔 기분 전환 겸 염색을 하는 것도 괜찮다. 하지만 건강에 신경을 써야 하는 사람은 몸에 무리가 갈 수 있으므로 영구적인 염색을 하지 않기를 바란다. 정 흰머리를 감추고 싶으면 '천연 염색제'라고 표기해 놓고 인공 합성염료를 첨가한 영구 염모제보다 화장품처럼 일시적인 염색 효과가 있는 염색약을 사용하는 것이 좋다. 비록 색깔은 오랫동안 유지되지 않지만, 가장 안심하고 쓸 수 있다.

세상에 공짜는 없다고 했던가. 염색도 예외는 아니라서

자연을 거스르는 대가를 톡톡히 치러야 한다. 태양 아래 염료의 색상이 영구적으로 유지되는 동시에 독성이 없고 건강을 해치지 않는 염색약은 없다!

29

**기능성 화장품은
농도가 짙을수록
피부를
상하게 한다?**

화학공학자인 나는 평소에 친구들에게 "이거 먹어도 괜찮은 거야?", "이것을 날마다 복용해도 위험하지 않겠지?"와 같은 질문을 많이 받는다. 기억하는 사람이 있을지 모르겠는데, 나는 화학공학자인 동시에 기능성 화장품을 만드는 사람이다. 며칠 전에 또 한 친구가 기능성 화장품에 관해 물어 왔다.

"기능성 화장품은 농도가 짙을수록 피부를 상하게 한다며? 정말 그래?"

이건 또 어디서 생겨난 소문일까? 과연 기능성 화장품은 농도가 짙을수록 피부에 좋은지 아니면 피부에 재앙이 되는지 자세히 알아보자!

기능성 화장품의 '유효 성분'

흔히 '기능성 화장품의 농도'는 기능성 화장품에 함유된 '유효 성분의 농도'를 가리킨다. 유효 성분은 기능성 화장품이 내세우는 주요 효능을 가진 성분이다. 예를 들어 보습 제품의 유효 성분은 히알루론산이고, 미백 제품에서 미백 효과를 발휘하는 것은 아스코르브산, 알부틴, 트라넥삼산 등이다. 여드름 케어 제품은 대부분 살리실산이 함유돼 있고, 안티 에이징 제품은 폴리펩티드, 항산화물질(Q10, 비타민 E) 등의 유효 성분이 들어 있다.

물론 기능성 화장품의 효능은 유효 성분의 농도와 깊게 관계있다. 하지만 전성분표만 봐서는 유효 성분의 실제 농도를 파악할 수 없는데, 전성분표는 농도의 비율을 알려주지 않기 때문이다. 그저 각각의 성분을 농도가 높은 것에서 낮은 순으로 나열한 것에 불과하다. 사실 스킨, 에멀션 등의 전성분표에서 첫 번째 자리를 차지하는 것은 'AQUA'나 'water', 즉 물이다.

그러면 전성분표에서 유효 성분은 반드시 앞자리에 위치할까? 꼭 그렇지 않다. 기능성 화장품의 주요 효과를 내기 위해서 유효 성분의 농도가 꼭 짙을 필요는 없다. 외려 수분, 유지, 폴리알콜 등으로 구성된 화장품은 유효 성분보다 제형을 구성하는 성분의 농도가 더 짙다.

다시 말해서 전성분표에서 유효 성분이 단순히 몇 번째에 위치하는지 확인하는 것은 큰 의미가 없다. 예전에 어떤 소비자가 화장품 관련 커뮤니티에서 "여드름을 완화하기 위해서 살리실산이 함유된 에멀션을 샀는데 전성분표에서 살리실산은 끝부분에 위치했다. 살리실산을 뒷구멍으로 팔아먹었나 보다!"라고 불만을 토로한 적이 있는데, 이것은 잘못된 생각이다.

에멀션 같은 기초 화장품에 살리실산은 0.2~0.5%만 들어가도 충분하다. 당연히 전성분표에서 뒷자리를 차지할 수밖에 없다. 여드름 케어 제품을 샀을 때, 전성분표에서 살리실산이 첫 번째 자리를 차지하는 것은 단 두 가지 경우뿐이다. 전성분을 농도 순으로 표기하지 않았거나 해당 제품을 얼굴에 발랐을 때 심각한 화상을 입는 것이 그것이다.

살리실산은 화장품에 최대 2%까지 첨가할 수 있다. 그 이상을 첨가하면 피부에 문제가 생기기 때문이다. 만약에 여드름 케어 제품에 물보다 살리실산이 더 많이 함유돼 있으면 절대 얼굴에 바르지 마시라. 반드시 후회하게 될 것이다.

농도가 어느 정도일 때 효과가 있을까?

사실 기능성 화장품에서 유효 성분의 농도는 수치가 아니라 범위에 가깝다. 어떤 성분이든 농도가 지나치게 옅으면 첨가를 하나, 안 하나 별 차이가 없는데 반해 농도가 지나치게 짙으면 피부에 흡수되지 않아서 첨가한 의미가 없다.

더구나 일부 성분은 농도가 지나치게 짙으면 부작용을 일으킬 수 있다. 타르타르산이 대표적인 예인데, 농도가 적당하면 좋은 효과를 내지만 욕심이 지나쳐서 많은 양을 첨가하면 반드시 부작용을 일으킨다.

과거에 타르타르산이 함유된 화장품을 바른 소비자들이 피부에 화상을 입었다고 몇 번 보도된 적이 있다. 이것은 지나치게 많은 양의 타르타르산이 함유된 화장품을 피부에 장시간 바르고 있었거나 권장량보다 많은 양을 사용해서 생긴 결과이다.

화장품에 지나치게 많은 양이 첨가되었으나 피부에 결코 도움이 되지 않아 최근에 화제가 된 유효 성분이 있다. 바로 만델산이다. 많은 브랜드는 만델산의 농도를 5~20%까지 경쟁적으로 확대했다. 하지만 정부 규정에 따라서 만델산이 첨가된 제품의 pH 수치는 최저 3.5이어야 한다. 만델산의 농도가 20%이면 pH 수치는 기준치보다 더 낮아지므로 반드시 대량의 알칼리성 물질을 첨가해서 중화시켜야 한다. 중화된 만델산은 농도가 짙어도 소용이 없다.

농도가 지나치게 높을 필요가 없는 만델산처럼 소비자들의 눈과 귀를 속인 또 다른 유효 성분이 있다. 최고의 보습 효과를 내어 보습 제품에 많이 첨가되는 히알루론산이 그것이다. 100% 히알루론산은 백색의 분말이지만 물에 용해되었을 때 농도가 1%만 초과해도 피부에 바를 수 없을 정도로 끈적끈적하고 걸쭉해진다.

따라서 고농도의 히알루론산을 얼굴에 바르는 것은 바람직하지 않다. 히알루론산은 물을 흡수하는 성질이 있어서 지나치게 높은 농도를 사용하면 보습은커녕 원래 피부에 있던 수분마저 빼앗긴다. 이 때문에 정상적인 제조사는 에센스에 히알루론산을 1% 이상 첨가하지 않는다.

"그러면 시중에서 판매하는 100%, 50% 히알루론산 에센스는 뭐예요?"

두 개의 가능성이 있다. 첫 번째는 '100% 히알루론산'이라고 표기된 하단에 '본 제품은 0.1%의 순 히알루론산 수용액을 사용했으며, 물로 희석하지 않았습니다'라고 깨알처럼 교묘하게 인쇄해 놓았을 것이다.

두 번째는 아예 대놓고 거짓말하는 것인데, 의혹이 제기되면 뒤늦게 "그냥 마케팅 문구라고 보시면 됩니다. 크게 신경 쓰지 마십시오"라고 말한다.

이렇게 거짓말하는 제조사 때문에 정작 히알루론산의 농도를 사실대로 명시한 제조사는 "겨우 1% 첨가해 놓고 자기들 제품이 최고라고 말하는 거야? 나 원 참, 다른 곳은

다 100%씩 첨가한단 말이야"라고 애먼 소리를 듣는다.

　정리하면 보습 제품이든, 미백 제품이든, 안티 에이징 제품이든, 여드름 케어 제품이든 무턱대고 고농도를 찾을 필요는 없다. 농도가 지나치게 높다고 해서 피부에 반드시 좋은 것은 아니다. 포장지에 유효 성분의 농도를 실제보다 터무니없이 높게 표기하거나 얼굴에 바를 수 없는 정도의 농도를 자랑처럼 표기한 제조사는 자신들이 무슨 글을 써 넣은 지도 모른 채 스스로 전문성이 떨어진다고 광고하는 것이나 다름없다.

30

최고급
기능성 제품은
외려 피부를
상하게 한다?

새 칼럼을 쓸 때마다 난 주변 여성분들의 의견을 참고한다. 얼마 전에 〈기능성 화장품은 농도가 짙을수록 피부를 상하게 한다?〉 편을 쓸 때도 회사 여직원들에게 비슷한 말을 들어본 적이 있는지 물었다. 그러자 어느 한 여직원이 말했다.

"예전에 화장품을 사러 백화점에 갔을 때 판매원에게 '언니처럼 젊은 여성은 고기능성 화장품을 쓰면 안 돼요. 나이 지긋하신 분들이 쓰시는 기능성 화장품을 바르면 피부의 노화가 빨리 일어나요'라는 말을 들었어요."

난 깜짝 놀라서 물었다.

"왜 그런지 이유도 말해 주던가요?"

여직원은 가물가물한 기억을 더듬으며 말했다.

"뭐라더라…. 효과가 너무 강해서 젊은 피부는 못 견디고 노화가 일어난다나 어쩐다나…. 여하튼 그렇게 말했던 것 같아요."

나는 여직원의 말을 듣고 빙그레 웃었다. 한데 그녀 말고도 두세 명의 여직원이 비슷한 말을 들었다고 털어놓았고, 이 말을 굳게 믿기까지 했다!

가만히 생각해 보니 그동안 기능성 화장품만 개발했지 그 화장품을 판매원들이 어떻게 판매하고 있는지는 전혀 모르고 있었다. 그래서 이번에는 판매원들의 대표적인 '말·말·말'에 대해서 알아보고자 한다. 어쩌면 이미 들어본 '흥미로운' 내용도 있을 것이다.

"젊은 고객분들은 연세 드신 분들이 쓰시는 화장품을 바르면 안 돼요."

"젊은 고객분들은 xxx, ooo 같은 브랜드를 쓰면 안 돼요. 이런 건 어르신들이나 바르는 것이죠. 효과가 너무 세서 자칫 피부 노화가 빨리 일어날 수 있어요! 하지만 저희 브랜드의 기능성 제품은 특별히 젊은 고객분들을 겨냥해서 만들었어요. 한번 테스트해 보실까요?"

전혀 근거가 없는 말이지만 이 사람에서 저 사람으로, 다시 다른 사람으로 전해지면서 마치 사실인 양 굳어졌다.

확실히 어르신들과 젊은 사람들에게 필요한 기능성 화장품은 다르다. 대체로 젊은 사람들은 피지 분비량이 많아서 유분 함량이 낮은 산뜻한 타입의 제품이 어울리지만, 어르신들은 나이가 들면서 피지 분비량이 감소해 유분이 많은 리치한 타입의 제품이 어울린다.

물론 두 제품의 사용감은 매우 다르다. 유분 함량이 높은 화장품은 얼굴에 뾰루지를 나게 할 수 있지만 그렇다고 노화를 일으키지 않는다. 이 밖에 젊은 사람이든 어르신이든 건성 피부인 사람은 리치한 타입의 제품을 써서 유분을 보충하는 것이 좋다.

유분 외에 어르신들이 사용하는 제품의 효능도 오해를 일으키는 원인 중에 하나다. 항산화, 주름 개선, 피부 재생 등은 어르신들이 사용하는 제품의 '단골 효능'이다. 특히 '안티 에이징'은 젊은 사람들에게 썩 필요한 효능은 아니지만, 그렇다고 해당 유효 성분이 피부 노화를 일으키는 것도 아니다.

따라서 다음에 화장품을 사러 가면 제품을 사용하는 사람들의 나이를 판단 근거로 삼지 말고 직접 테스트한 뒤에 자신의 피부에 맞는 제품을 선택하길 바란다.

"xxx 제품을 오래 사용하면 피부가 얇아져요."

"xxx 제품을 썼더니 피부가 얇아졌어요."

이 말은 알고 보니 어느 유명 여자 연예인이 한 말이다. 이 말은 인터넷에서 많은 논란을 일으켰지만 어느 누리꾼 은 그녀의 말이 사실이라고 회답했다.

"정말이에요. 지난 2년 동안 그 연예인과 같은 제품을 썼는데 진짜로 피부가 얇아졌어요! 날벼락도 이런 날벼락 이 없어요!"

핵심부터 말하면 기능성 제품을 발라서 피부가 얇아질 가능성은 별로 없다.

각질 제거제나 산성 제품은 피부의 묵은 각질을 제거 하는 데 도움을 준다. 아무래도 각질이 제거된 것에서 "피 부가 얇아졌어요"라는 소문이 퍼진 것 같다.

평소에 각질을 주기적으로 제거하지 않는 사람은 각질 제거 제품을 처음 사용하고 깜짝 놀란다.

"어머나, 이 신기한 제품은 뭐야! 거친 피부가 순식간에 뽀얗고 부들부들해졌네. 이런 제품을 왜 여태 몰랐을까? 앞으로 날마다 써야지!"

오, 부디 그 제품에서 손 떼시길! 피부 표면에 묵은 각 질이 쌓이면 피부가 칙칙하고 거칠어 보인다. 따라서 각질 제거는 오랜만에 할 때 가장 큰 효과를 얻는다.

날마다 각질을 제거해도 피부가 더 뽀얗고 부드러워지

지 않는데, 매일매일 제거해야 할 정도로 얼굴에 각질이 많지 않다. 이른바 '각질 제거'는 피부 표면에 오랫동안 쌓인 묵은 각질을 제거하는 것을 가리키며, 일주일이나 이주일에 한 번씩 하는 것이 좋다.

욕심을 부려서 지나치게 자주 하면 정상적인 각질층이 파괴되어 피부가 민감해진다. 한데 사람들은 자신의 욕심은 생각하지 않고 괜히 제품을 탓하며 피부가 얇아졌다고 말한다.

이것은 제품의 잘못이 아니라 본인이 지나치게 자주 사용해서 생긴 결과이다. 제품의 특성을 이해하지 않은 채 자신이 과도하게 사용해 놓고 어떻게 특정 제품을 쓴 뒤에 피부가 얇아졌다고 말할 수 있을까?

'과도한 신진대사'도 마찬가지이다. 타르타르산, 만델산 등 산성 물질을 함유한 제품은 피부의 재생을 촉진해서 적당히 사용하면 피부가 맑아지고 빛이 나는 효과를 얻을 수 있다.

하지만 횟수를 조절하지 않고 지나치게 자주 사용하면 신진대사가 과도하게 일어나 피부가 민감해진다. 이것도 제품이 피부를 얇게 만든 것이 아니라 자신의 잘못된 사용 습관에 의해 벌어진 결과이다.

"기능성 화장품은 같은 라인의 제품을 함께 써주셔야 좋은 효과를 얻을 수 있어요."

화장품을 사러 가면 이와 비슷한 말을 자주 듣는다.

"저희 브랜드가 아이크림으로 유명한 거 아시죠? 다른 제품보다 같은 라인의 스킨, 에멀션과 함께 사용하시면 더 좋은 효과를 얻을 수 있어요. 하지만 다른 브랜드 제품과 섞어서 사용하면 피부가 망가질 수 있어요."

아마 기능성 화장품을 구매한 경험이 있는 사람은 한 번쯤 이 말을 들어봤으리라! 물론 같은 라인의 화장품은 동일한 피부 유형에 맞춰 설계된다. 따라서 같은 라인의 화장품을 사용하면 피부 타입에 맞는 제품을 찾는 수고를 덜 수 있다.

하지만 에멀션만 발라도 피부에 충분한 영양분을 공급할 수 있으며, 스킨과 에센스의 성분은 크게 다르지 않다. 물론 시간이 오래 걸려도 상관없으니 제품을 하나하나 다 챙겨 바르겠다, 하는 사람은 다른 브랜드의 화장품과 함께 사용해도 괜찮다.

중요한 것은 자신의 피부 타입에 맞는 화장품을 선택해서 사용하는 것이다. 설령 화장품을 잘못 선택해도 피부가 극단적으로 망가지는 일은 없다. 솔직히 기능성 화장품을 사용할 때 같은 라인의 화장품을 함께 바르면 더 좋은 효과를 얻을 수 있다는 것은 사실이 아니고 그냥 판매원이 실적을 올리기 위해서 하는 말이다.

　과거에 인터넷이 없는 시절에 사람들은 화장품 상점의 판매원이나 방문 판매원에게 화장품에 관한 정보를 얻었다. 누구보다도 화장품을 취급한 경험과 지식이 풍부하지 않겠는가? 하지만 이들도 사람인지라 실적을 올리기 위해서 "피부가 얇아져요", "피부 노화가 빨리 일어날 수 있어요"와 같은 그럴싸한 말로 고객들의 지갑을 열었다.

　언뜻 들으면 일리가 있어 보이지만 곰곰이 생각하면 의문만 잔뜩 생기는 말들이다. 다행히도 요즘은 인터넷이 발달했으니, 화장품 판매원이 얼토당토않은 말을 하면 겁먹지 말고 바로 검색해 보시라!

31

워터프루프 기능이
몸에
미치는
영향은?

'100% 천연!', '유해 물질 검출 걱정 No!' 요즘은 천연, 유기농을 표방하는 화장품이 매우 많다. 하지만 진짜 안심하고 사용해도 될까? 형형색색의 빛깔과 먹고 싶을 정도로 달콤한 향기를 가진 화장품이 100% 천연일 수 있을까? 화장품을 좋아하는 친구들이여, 화장품 광고에 쉽게 현혹되지 마시라. 자신도 모르는 사이에 인공적으로 합성한 화학 물질에 건강을 잃을 수 있다. 지금부터 천연 제품과 관련해서 어느 것이 진실이고 어느 것이 거짓인지 함께 파헤쳐 보자!

　꾸미는 것을 좋아하는 것은 사람의 본성이다. 그래선

지 해가 바뀌어도 각종 신기한 색조 화장품이 계속해서 출시된다. 최근 입술을 붉게 칠하는 립 메이크업이 유행이다. 여기저기서 짙은 색의 립스틱을 찾는 사람들이 많아지더니 급기야 입술에 아무것도 바르지 않으면 아픈 사람 취급을 당해서 이제는 립 메이크업을 안 하면 외출을 할 수 없는 지경이 되었다. 붉은 입술이 메이크업의 새로운 포인트가 된 것이다.

립스틱, 립 크레용, 립 틴트, 립글로스, 각종 향기와 영양분을 가진 립밤 등이 출시되면서 난 조그마한 피부 조각인 입술에 더는 새로운 제형의 제품을 바를 수 없을 것이라고 생각했다. 하지만 창조의 끝은 어디인지, 떡하니 새로운 제품이 등장했다! 인턴 직원이 요즘 어디서나 쉽게 구입할 수 있는 제품이라고 보여준 입술 전용 팩과 천연 립 틴트 팩이 그것이다.

입술 전용 팩과 립 틴트 팩의 원리

립 스티커의 원리는 단순하다. 타투 스티커처럼 입술에 붙여서 입술 색을 바꾸는 것인데, 수용성 풀을 이용해서 염료를 입술에 잠시 묻히는 것이라고 이해하면 된다. 반영구 입술 문신보다 입술 색에 더 큰 변화를 줄 수 있지만, 클렌징 제품으로 쉽게 제거할 수 있다.

립 틴트 팩은 조금 특수하다. 제형은 끈적끈적한 풀과 비슷한데, 입술에 바르고 얼마간 기다렸다가 손으로 얇은 막을 떼어 내면 입술이 붉게 물들어 있다. 물론 립 틴트 팩을 바르고 있는 동안은 입술을 오므리거나 움직이면 안 된다. 정말 세상 편한 제품이지 않은가! 립 틴트 팩의 포장지에는 '워터프루프, 24시간 지속 효과, 천연 성분 함유. 이제 안심하고 예쁘게 물들이세요!'라고 인쇄돼 있었다. 보나 마나 불티나게 팔렸을 것이다.

하지만 뭔가 이상하지 않은가? 워터프루프 기능과 24시간 지속 효과가 있는 것도 모자라서 천연 성분까지? 이것이 사실이면 꿈의 제품이지 않은가? 그렇다. 굳이 꿈의 제품이라고 표현한 것은 이렇게 만드는 것이 근본적으로 불가능하기 때문이다!

기본적으로 색을 내는 염료는 화학 제품이다

설명할 것도 없이 각종 색깔을 내는 염료는 대부분 화학적으로 합성한 물질이다. 립 틴트 팩의 원리는 고분자의 실리콘 화합물을 이용해서 염료를 입술에 붙이는 것이다. 따라서 립 스티커와 달리 물에 지워지지 않는다. 단순히 이 점만 놓고 따져도 '100% 천연'은 벌써 거짓말이다!

더욱이 피부 건강 측면에서 생각할 때 뭔가를 피부에

붙였다 떼는 동작을 자주 반복하는 것은 바람직하지 않다. 입술의 피부는 얼굴의 다른 부위에 비해 굉장히 얇다. 가뜩이나 음식물, 세안, 침 등 때문에 껍질이 잘 벗겨지는데 팩까지 붙이고 떼면 입술의 표피가 일부 떨어져 나갈 수 있다. 한번 생각해 보시라. 자꾸 괴롭히는데 입술이 어떻게 배기겠는가? 당연히 입술 색이 칙칙해지고 껍질이 잘 벗겨지고 간지러울 수밖에 없다.

기본적으로 색조 메이크업은 피부에 크고 작은 영향을 준다. 특히 색이 짙을수록, 워터프루프 기능이나 24시간 지속 효과가 있을수록 더 큰 영향이 있다. 립 틴트 팩은 짙은 색, 워터프루프 기능, 24시간 지속 효과의 '3관왕'을 모두 차지한 것도 모자라 여드름 패치처럼 팩을 바르고 떼기까지 해서 반드시 입술 피부가 상한다. 신기하고 재미있는 맛에 가끔 사용하는 것은 괜찮지만, 수시로 사용하면 입술이 건조해져 거북이 등처럼 갈라질 것이다. 전통적인 립스틱, 립글로스, 립 틴트도 입술 피부를 상하게 하는 것은 같으므로 지금보다 덜 사용하길 권한다.

32 쿠션 파운데이션은 비위생적이다?

2015년 초부터 쿠션 파운데이션은 선풍적인 인기를 끌었다. 각종 브랜드는 '물광', '한 듯 안 한 듯한 메이크업'을 내세우며 관련 제품을 속속들이 출시했다. 인터넷에도 쿠션 파운데이션의 유행에 동참한 사람들의 '인증 글'이 넘쳐났다. 하지만 '쿠션 파운데이션은 비위생적이다', '쿠션 파운데이션은 세균의 온상이다'라는 등의 글을 읽을 때마다 마음 한편이 불안한 것도 사실이다!

'쿠션 파운데이션'은 뭘까?

사실 쿠션 파운데이션은 해면 스펀지에 액체형 파운데이션을 듬뿍 흡수시켜 케이스에 장착한 것이다. 사용하려면 퍼프로 해면을 꾹 눌러서 파운데이션을 묻힌 뒤에 얼굴에 두드려야 한다. 툭 까놓고 말해서 쿠션 파운데이션은 '케이스에 장착된 파운데이션을 잔뜩 머금은 해면 스펀지'라고 생각하면 된다.

쿠션 파운데이션의 인기 요인은 뭘까? 답은 간단하다. 간편하기 때문이다. 먼저 액체 상태라서 고체형 파운데이션보다 얼굴에 더 고르고 자연스럽게 발린다. 다음으로 액체형 파운데이션은 유동성이 좋아서 보관 중에 잘 흘러넘치는 단점이 있는데, 쿠션 파운데이션은 해면 하나로 이 문제를 말끔히 해결했다. 사용이 간단하고 편리한 점에서 쿠션 파운데이션은 충분히 매력적이지 않은가?

장점이 곧 단점이다

하지만 문제는 그리 간단하지 않다. 쿠션 파운데이션을 편리하게 사용할 수 있는 것은 파운데이션 '액체' 때문이다. 하지만 거꾸로 파운데이션 액체 때문에, 구체적으로 액체 파운데이션에 함유된 물 때문에 위생 문제가 불거진다.

수분은 세균 배양의 필수 조건이다. 고체형 파운데이션과 비교하면 액체형 파운데이션에서 세균이 자랄 가능성이 훨씬 높다.

더욱이 오후에 화장을 수정할 때 퍼프에 쿠션 파운데이션을 한 번만 찍는가? 그럴 리가, 최소 두세 번은 찍는다. "저는 한 번만 찍는데요?"라고 말하는 사람은 다음번 쿠션 파운데이션을 사용할 때 퍼프를 새것으로 교체하는가?

아마 대부분은 그냥 사용할 것이다. 얼굴의 땀, 피지, 각질, 세균이 묻은 퍼프로 쿠션 파운데이션을 반복해서 사용하면 세균이 파운데이션의 수분에까지 퍼진다. 결과적으로 세균에게 각질, 피지와 같은 맛있는 음식을 대주는 꼴인데, 세균이 성장하기에 이보다 더 쾌적한 환경이 있을까?

"우웩, 이렇게 더러우면 어떻게 써요?"

제조사도 문제점을 인식하고 다양한 종류의 방부제를 양을 달리해서 첨가한다. 방부제를 첨가한다고 하면 또 눈에 불을 켜고 달려드는 사람이 있을 텐데, 합격 판정을 받고 시중에 출시되는 제품은 모두 법이 허용하는 범위 안에서 방부제를 첨가한다. 쿠션 파운데이션은 반드시 적잖은 양의 방부제를 첨가할 수밖에 없다. 따라서 방부제에 거부감이 있거나 피부 알레르기가 있는 사람은 기존의 고체형 파운데이션을 사용하길 바란다.

쿠션 파운데이션뿐 아니라 퍼프도 비위생적이다!

사실 쿠션 파운데이션뿐 아니라 피부와 접촉하는 도구인 퍼프와 해면 스펀지에서도 세균이 자란다. 이 밖에 침, 입술 부위의 각질과 자주 접촉하는 립밤, 립스틱도 세균이 집중적으로 서식하는 고위험 지대이다. 민감성 피부나 피부에 상처가 있는 사람이 세균이 번식한 화장품을 사용하면 염증, 알레르기 반응이 일어날 수 있다.

사용 중인 쿠션 파운데이션은 어쩌지?

파운데이션과 메이크업 도구에서 세균이 자라는 것은 하루 이틀에 생긴 문제가 아니다. 하지만 사용 습관을 개선하면 얼마든지 해결할 수 있다. 화장할 때마다 깨끗한 퍼프와 파운데이션을 사용하는 것이 가장 좋지만, 번번이 그럴 수 없을 땐 메이크업 도구와 퍼프를 정기적으로 세척하거나 교체해야 한다. 그러면 피부의 각질이나 유분 때문에 세균이 번식할 기회가 크게 줄어든다. 쿠션 파운데이션, 립스틱, 립밤처럼 피부와 자주 접촉하는 화장품은 개봉한 뒤에 최대한 이른 시일 안에 사용하거나 정기적으로 교체하는 것이 가장 좋다.

"얼마 만에 한 번씩 교환하면 될까요?"

좋은 질문이다. 사용한 뒤에 서늘한 곳이 아니라 손이 가는 대로 아무 곳에서나 보관하면 1년 안에 모두 사용하는 것이 좋다.

　이 사용 습관은 파운데이션, 컨실러, 크림 블러셔, 립밤 등 액체·크림류의 모든 화장품에 적용된다. 또한 이들 제품에 사용하는 메이크업 도구를 깨끗하게 유지하면 화장품에서 세균이 번식할 가능성은 크게 낮아진다. 물론 귀찮을 것이다. 하지만 아름다움을 사랑하는 친구들이여. 화장품을 위생적으로 사용하기 위해서 조금만 노력하자!

33 마스카라는
어떻게 속눈썹을
길고 풍성하게
만들까?

예전에 TV 토크쇼에 어느 여배우가 출연했을 때 사회자가
물었다.

"지금 당장 외출해야 하는데 화장품을 딱 하나만 챙길
수 있다면 뭘 챙기겠어요?"

여배우는 조금도 망설이지 않고 대답했다.

"한 개는 너무 심하잖아요. 저는 아이라이너와 마스카
라, 이 두 개를 챙길래요."

만약에 같은 물음을 우리 회사 여직원들에게 던지면 어
떨까? 아마 여직원들도 이 여배우와 비슷하게 대답할 것이
다. 아이라이너와 마스카라는 눈매를 더욱 또렷하게 강조

해서 얼굴을 생기 있고 아름다워 보이게 하는 효과가 있다.

"박사님, 마스카라는 정말 신기한 발명품이에요. 도대체 어떤 대단한 성분이 들어 있기에 순식간에 속눈썹을 짙고 풍성하게 만들어 줄까요?"

사실 최초의 마스카라는 바셀린에 석탄 분말을 섞어서 속눈썹에 바르는 검은색의 풀 같은 물질이었다. 유명 마스카라 브랜드인 '메이블린'은 창립자인 토마스 L. 윌리엄스 Thomas L. Williams가 여동생의 이름인 메이블Maybel과 바셀린Vaseline 을 합쳐서 작명한 것이다. 1920년대에 윌리엄스는 여동생이 속눈썹에 바셀린을 바르는 것을 보고 바셀린과 석탄 분말을 혼합해서 마스카라를 제조했다. 최초의 마스카라는 끈적끈적하고 기름기가 있는 검은색 물질이었는데, 칫솔만 한 솔로 속눈썹을 바르자니 불편하기 짝이 없고 눈이 쉽게 피로해지는 문제점이 있었다. 지금의 마스카라는 끊임없는 개선 작업 끝에 완성된 것이다.

마스카라의 화학 원리

마스카라는 원료의 배합에 따라서 시각적 효과가 달라진다. 예를 들어 '롱래쉬 마스카라'는 겔과 왁스의 비율을 낮추고 인조사와 나일론 섬유 등의 섬유소를 첨가한다. 그 때문에 솔로 마스카라를 살살 바르면 속눈썹에 섬유소가 달라붙어서 결과적으로 속눈썹이 길어 보이는 효과가 난다. 이때 섬유소가 눈에 들어가면 유분 때문에 눈물이 나고 심하게는 염증이 생길 수 있으므로 사용에 특별히 주의해야 한다. 이에 비해 '컬링 마스카라'는 식물성 왁스, 밀랍, 라놀린이나 대두 레시틴 등의 지용성 성분을 첨가해서 속눈썹을 더 탄력적이고 풍성하게 만든다.

'워터프루프 마스카라'는 휘발성 실리콘 성분을 첨가해서 속눈썹 표면에 얇은 막을 씌우기 때문에 마스카라 액이 물에 잘 지워지지 않고 오래도록 유지된다. 하지만 물에 잘 지워지지 않는 성질 때문에 눈가나 입술 전용 리무버를 따로 사용해야 깨끗하게 지워진다.

이 밖에 온수로 지울 수 있는 마스카라도 있다. 원리는 고분자 화합물을 이용해서 마스카라를 건조시키는 동시에 자동적으로 속눈썹에 얇은 막을 형성하는 것이다. 이때 얇은 막은 온수로 세안해서 속눈썹을 부드럽게 만들면 저절로 떨어져 나온다. 이론적으로 전용 리무버를 사용하지 않고 물로 씻어 낼 수 있지만, 여전히 속눈썹에 고분자 화합물이 남아 있을 수 있으므로 꼼꼼하게 씻어야 한다. 물론 속눈썹에서 탈락한 얇은 막이 눈에 들어가지 않게 조심해야 한다.

눈은 민감한 부위이다. 어떤 유형의 마스카라이건 간에 잘못 사용하거나 청결함을 유지하지 않으면 눈이 가렵고 벌겋게 충혈되며 개구리눈처럼 부을 수 있으니 주의하자.

속눈썹 영양제의 유효 성분은?

롱래쉬 마스카라와 컬링 마스카라는 모두 일시적인 시각적 효과만 준다. 이 때문에 속눈썹이 진짜로 길고 풍성해지기를 바라는 사람들은 속눈썹 영양제를 산다. 속눈썹 영양제를 살 땐 전성분표를 유심히 확인할 필요가 있다. 비타민 E, 단백질, 유지류만 첨가된 일반 영양제는 아직 속눈썹을 길고 풍성하게 만들어 주는 효과가 증명되지 않았다. 이것은 헤어 컨디셔너를 꾸준히 사용하면 머릿결이 찰랑거리지만 머리숱이 많아지거나 머리카락이 더 빨리 자라지 않는 것과 같다.

　속눈썹 영양제의 유효 성분은 뭘까? 녹내장을 치료하는 약물의 일종인 비마토프로스트bimatoprost는 속눈썹을 길고 굵게 만드는 효과가 증명되어 속눈썹 영양제의 유효 성분으로 사용된다. 하지만 동시에 눈이 벌겋게 부어오르고 간지럽게 만드는 부작용이 있다. 하, 예뻐지기는 정말 어려운가 보다!

속눈썹 연장, 괜찮을까?

"박사님, 아침마다 마스카라를 바르는 것이 너무 귀찮아서 속눈썹 연장을 할까 생각 중인데, 위험하지 않겠죠?"

'속눈썹 연장'은 사실 인조 속눈썹을 눈가에 한 올 한 올 붙이는 것이다. 일단 편리하고 속눈썹이 꽤 오랫동안 유지되어 많은 사람이 이용하지만 위험성이 전혀 없는 것은 아니다. 눈이 민감해지는 것은 예삿일이고 심하게는 아침에 일어날 때마다 눈이 건조해서 불편함을 겪을 수 있다. 속눈썹을 붙이는 '글루' 때문에 생기는 문제인데, 속눈썹 연장 글루의 기초 성분은 시아노아크릴레이트^{cyanoacrylate}이다. 사람들은 이것을 흔히 '순간접착제'라고 부른다.

시아노아크릴레이트에서 생성되는 기체는 눈을 강하게 자극해서 눈이 민감하거나 안구 건조증이 있는 사람이 속눈썹을 연장하면 불편할 수밖에 없다. 속눈썹 연장을 직접 받아본 적이 없어서 증언할 수 없지만, 원료의 조합에 따라서 글루에 첨가되는 시아노아크릴레이트의 함량은 80~90% 정도로 달라진다. 쉽게 설명해서 자극성이 매우 높다.

정리하면 글루 때문에 눈이 민감해질 수도 있고, 연장한 속눈썹이 눈에 들어가서 눈이 간지럽고 붉게 충혈되는 결막염에 걸릴 수도 있고, 심하게는 연장한 속눈썹에 각막을 찔리는 등 눈의 건강을 해칠 수 있으니 각별히 주의해야 한다.

세상에 절대적으로 안전한 물질은 없다! 마스카라 정도는 누구나 발라도 괜찮지만, 속눈썹 연장은 눈이 '강철'처럼 강한 사람이 받기를 바란다. 자신의 눈 상태에 맞는 제품을 선택해 적당하게 사용하고, 깨끗하게 지우고, 눈에 불편한 증상이 나타났을 때 즉각 병원에 간다면 일평생 속 눈썹을 건강하게 지킬 수 있다.

34

보정 속옷은
살을 빼주지
않는다

예전에 〈저렴한 마스크팩도 매일 하면 효과가 있다?〉 편을
준비하는 과정에서 마스크팩의 가격이 지나치게 저렴하면
일단 효능을 의심하면서도 굳이 사는 이유를 친구를 통해
서 알게 되었다.

"어떤 연예인이 날마다 마스크팩을 하는 것이 자신의
꿀피부 비결이라고 했단 말이야. 싼 것도 상관없으니까 하
루에 한 팩씩 꼭 하랬어."

내 칼럼을 읽고 사실 관계를 알게 된 친구는 말했다.

"애초에 그 연예인의 말을 듣는 게 아니었어. 그동안 아
무리 바빠도 일주일에 서너 번씩 마스크팩을 꼭 했어. 안

그러면 괜히 얼굴이 푸석푸석하게 느껴졌거든."

　여성들이 위험을 무릅쓰고 수상한 마스크팩을 구매하게 만들다니, 스타들의 말은 얼마나 영향력이 있는가! 그러면 스타들의 조언을 곧이곧대로 믿어도 될까? 스타들이나 유명 블로거들이 소개한 몇몇 미용 정보를 차근차근 파헤쳐 보자.

"1일 1팩을 하세요. 저렴한 마스크팩도 괜찮아요."

마스크팩은 단시간(30분)에 표피에 대량의 수분을 긴급 보충하는 역할을 한다. 예를 들어 피부가 쉽게 건조해지는 환절기나 햇볕을 오래 쐬어 대량의 수분이 필요할 때 확실히 마스크팩을 하는 것은 좋은 방법이다.

　하지만 '1일 1팩'은 사실 효과 면에서 스킨으로 수분을 보충하는 것과 큰 차이가 없다. 마스크팩을 뗀 뒤에 에센스나 크림 같은 별도의 '수분 잠금장치'를 바르지 않으면 피부는 2~3시간 뒤에 원래의 상태로 돌아간다. 더욱이 저렴한 마스크팩은 피부에 다른 부정적인 영향을 줄 수 있으므로 "1일 1팩을 하세요. 저렴한 마스크팩도 괜찮아요"는 잘못된 말이다.

　외려 날마다 화장품을 꼼꼼하게 챙겨 바르고 건강한 생활 습관을 유지하는 것이 장기적으로 더 좋은 피부 관리 방법이다.

"엉덩이 볼륨업 크림을 바르고 '힙 업'이 됐어요."

확실하게 밝히건대 이것은 절대적으로 불가능하다!

모든 다이어트 크림과 볼륨업 크림은 기껏해야 국부적으로 혈액 순환이 잘 되게 도와 땀을 나게 하는 정도의 효과이다. 땀으로 수분을 배출하면 몸매가 조금 더 날씬해 보일 수 있다.

하지만 제품이 강조하는 '지방 분해', '셀룰라이트 제거', '감쪽같이 군살 없애기' 등의 효과는 모두 거짓이다! 피부 깊숙한 곳에 자리한 피하 지방은 표피에 크림이나 연고를 바른다고 해서 분해되지 않는다. 같은 이치로 지방이 쌓여서 형성된 셀룰라이트는 제품을 바르는 것만으로 눈에 띄게 개선되지 않는다.

'올여름, 지방을 화끈하게 태워 버리세요!'라고 광고하는 핫크림을 피부에 바르면 뜨끈뜨끈해서 마치 지방이 연소하는 것 같은 착각이 드는데, 실은 제품에 혈액 순환을 촉진하는 파스 유사 성분을 첨가한 것이다. 날씬해지고 아름다운 곡선을 갖고 싶으면 적당히 운동하고 균형 잡힌 식사를 하시라!

"보정 속옷을 입어서 지방의 위치를 바꾸세요!"

다이어트 크림처럼 일부 보정 속옷은 유명 연예인을 내세워 지방의 위치를 바꿀 수 있는 것처럼 광고한다. 이들 광고는 비록 자세하게 설명하지 않지만, 보정 속옷을 꾸준히 입으면 넘치는 옆구리 살을 원하는 곳으로 이동시켜 이상적인 몸매가 될 수 있다고 강하게 암시한다. 그러면 어떤 사람들은 황당한 환상을 품는다.

"쓸모없는 옆구리 살을 가슴 쪽으로 쭉쭉 밀어 올리면 얼마나 좋을까!"

워워, 냉정해지자! 환상을 깨서 미안하지만, 현실에서 이런 일은 일어날 수 없다. 지방 세포는 다른 세포처럼 커지거나 작아지기만 하고 위치가 바뀌거나 소멸되지 않는다. 다시 말해서 지방은 보정 속옷이라는 외부의 힘에 의해서 다른 위치로 밀려 올라가기는커녕 근본적으로 '이동'이 불가능하다.

지방 흡입처럼 세포 조직을 격렬하게 파괴하는 방법을 쓰지 않고 지방을 감소시키려면 오직 식사량을 조절하고 운동으로 열량을 태워서 지방의 '비축량'을 줄이는 수밖에 없다. 쉽게 설명해서 보정 속옷으로 지방 세포를 원하는 위치로 이동시키거나 적외선을 이용해서 복부의 지방을 제거하는 것은 불가능하다.

"찬물로 세안하는 것이 가장 좋아요."

이 말을 최초로 한 사람은 누구일까? 확실한 것은 국내외 스타들이 자신의 피부 비결로 찬물 세안을 꼽는 것이다. 우리 회사의 여직원들도 이 말을 철석같이 믿는다.

"1년 내내, 심지어 겨울에도 찬물로 세안하면 주름이 안 생긴대요."

"날마다 찬물로 세안하면 모공의 크기를 줄일 수 있어요. 뜨거우면 팽창하고 차가우면 수축하는 원리에 의해서 모공이 작아지는 것이죠."

열 손실을 막는 방어적인 생리 반응에 의해서 피부에 찬물이 닿으면 모공은 일시적으로 축소된다. 하지만 이 효과는 단 몇 분 동안만 지속된다. 사람은 항온 동물이라서 피부는 곧 정상 체온을 회복하고, 그러면 모공은 원래의 크기로 돌아간다.

따라서 추운 겨울에 괜히 찬물로 세안하며 자신을 '학대'할 필요가 없다. 더욱이 세정 효과 측면에서 생각할 때 따뜻한 물이 얼굴의 때와 기름기를 더 깨끗하게 씻어낸다 (찬물보다 따뜻한 물을 사용할 때 빨래나 설거지가 더 깨끗하게 되는 것과 같다). 세안은 굳이 찬물로 하지 않고 상온의 물로 하면 된다.

"불소가 함유된 치약을 사용하면 여드름이 나요."

미용 분야의 어느 파워 블로거가 한 말이다. 완전히 틀린 말은 아니지만 지나치게 과장한 측면이 있다. 불소는 피지 분비를 촉진하는 점에서 이 말은 전혀 근거가 없는 것은 아니다.

하지만 문제는 입가처럼 불소 함유 치약과 '접촉'하는 피부에서만 생긴다. 불소 함유 치약을 사용한다고 해서 얼굴 전체에 여드름이 나는 것은 아니란 말이다. 유독 입가에 여드름이 잘 나는 사람은 불소에 민감한 것일 수도 있으니 치약을 다른 것으로 바꿔 보시라. 줄곧 불소 함유 치약을 사용했지만, 여드름이 나지 않은 사람은 굳이 불소가 들어 있지 않은 치약을 선택할 필요가 없다.

지금까지 많은 사람이 미용 '꿀팁'으로 알고 있는 잘못된 정보들을 알아봤다. 이번에 칼럼을 준비하면서 주변 여성들을 대상으로 조사한 결과, 거의 모두가 '찬물 세안'과 '1일 1팩'에 대해서 들어 봤다고 대답해 다시 한 번 유명인들의 영향력에 감탄했다.

스타들은 그저 자신이 좋다고 생각하는 피부 관리 방법을 대중에게 공개한 것이리라. 그러니 피부 전문의나 미용 전문가에게 사실 여부를 검증받을 필요도 없었으리라. 하지만 공개한 뒤에 본의 아니게 한 세대의 사람들에게 영향을 주게 되었다.

　유명인들의 미용 조언이 전부 틀리지는 않는다. 예를 들어 외출할 때 자외선 차단제를 꼭 바르고, 날마다 깨끗하게 세안하는 것은 두세 번 강조해도 지나치지 않은 정확한 피부 상식이다.

　하지만 건강한 피부와 아름다운 몸매를 가꾸기 위해서 가장 중요한 것은 운동을 하고, 물을 적당히 마시고, 술과 담배를 줄이고, 밤을 새우지 않는 등 일상생활에서 건강한 생활 태도를 유지하는 것이다. 뻔한 말 같지만 이렇게 평범하고 소박하게 생활하는 것이 장기적으로 아름다움을 유지하는 비법이다.

압박 스타킹을
신으면
다리가
얇아질까?

미용 업계에 종사하면 매달 새로운 미용 정보와 다이어트 방법에 주목하게 된다.

예를 들어 햇볕이 뜨겁게 내리쬐고 거리에 미니스커트를 입고 샌들을 신는 사람들이 속속 등장하면 어김없이 '매끈한 종아리', '발뒤꿈치 각질 제거'가 핫이슈로 떠오른다. 어떤 사람들은 밤에 신고 자면 이튿날 아침에 종아리가 얇아지고 예뻐진다는 '압박 스타킹'을 공동 구매하는가 하면, 어떤 사람들은 거칠거칠한 발뒤꿈치를 아기 발처럼 만들어주는 '풋 팩'을 추천하고, 또 어떤 사람들은 발 전용 굳은살 제거기를 산다(굳은살을 얼마나 벗겨내고 싶으면 그럴까?). 과연 이들 '핫 아이템'은 효과가 있을까?

어떤 원리로 압박 스타킹을 신으면 종아리가 얇아질까?

압박 스타킹부터 이야기해 보자! 압박 스타킹은 데니어(섬유의 두께를 표시하는 단위로, 수치가 높을수록 원사와 섬유가 두껍다 – 옮긴이) 수치가 높은 원단으로 스타킹을 만들어서 종아리를 꽉 조이는 원리를 이용한다. '종아리 보정 속옷', '종아리 갑옷'쯤으로 이해하면 쉽다.

압박 스타킹을 신으면 왠지 종아리가 얇아진 것 같은 기분이 드는데, 진짜일까? 그 전에 한 가지 물어보자. 보정 속옷을 입었다가 벗으면 복부와 옆구리의 출렁이는 살이 없어지는가?

압박 스타킹의 진짜 효과는 '종아리 다이어트'가 아니다. 압력을 가하는 원리를 이용해서 다리의 혈액 순환을 촉진하고 하지정맥류를 예방하는 것이다. 툭 까놓고 말해서, 압박 스타킹은 하지정맥류를 해결하는 '고탄력 양말'로 이미 예전부터 유명했다.

원래 오래 서 있는 직업을 가진 사람들을 위해서 개발되었는데, 확실히 종아리에 푸른 핏대가 서는 증상과 부종을 개선하는 효과가 있다. 하지만 지방을 용해하거나 종아리를 얇게 만드는 효과는 아쉽게도 전혀 없다!

주의할 점은 압박 스타킹을 지나치게 오래 착용하면 혈액 순환이 잘 안 되고 외려 종아리가 부어서 기대한 것과 정반대의 효과를 얻을 수 있으므로 착용한 채로 잠들면 안 된다.

종아리를 얇게 만들고 싶은 사람에게 추천하고 싶은 세 방법이 있다. 다리를 높은 곳에 올려놓기, 족욕 하기, 스트레칭 및 안마하기가 그것이다. 다리를 높은 곳에 약 10~15분만 올려놓아도 다리에 혈액 순환이 잘 되어 하지 정맥류와 부종을 예방할 수 있다. 같은 이치로, 족욕과 안마도 근육을 풀어주고 혈액 순환을 촉진해서 종아리 라인을 예쁘게 만들어준다.

'풋 팩'을 하면 거칠거칠한 발이 아기 발처럼 될까?

온몸의 각질 중에서 발바닥의 각질은 가장 두껍다. 그 때문에 발바닥의 피부를 효과적으로 보호한다. 사람들이 온종일 신발을 신고 걸을 때 발바닥은 끊임없이 신발 밑창과 마찰하는데, 만약에 발바닥의 각질이 얇았다면 발바닥 피부는 진즉에 다 까지고 상처가 났을 것이다. 하지만 각질이 덕지덕지 두껍게 쌓인 모습은 미관상 보기가 좋지 않아 어떻게 하든 제거하고 싶어 하는 사람들이 많다.

풋 팩과 발 전용 군은살 제거기는 화학적인 힘과 물리

적인 힘을 이용해서 각질을 제거한다. 구체적으로 풋 팩은 타르타르산 성분을 이용해서 화학적으로 각질을 제거하며, 사용하면 발바닥이 부들부들해지고 윤기가 난다. 하지만 얼굴에 사용하는 각질 제거제처럼 과도하게 사용하면 건강한 각질층까지 벗겨질 수 있다. 또한 pH 수치가 지나치게 낮은 제품은 발바닥 피부에 화상이나 염증을 일으킬 수 있으므로 2주나 한 달에 한 번만 사용하기를 권한다. 발바닥에 상처가 있거나 무좀, 피부병이 있는 사람은 염증의 위험이 있어서 사용하면 안 된다.

발 전용 굳은살 제거기는 사포로 나무를 매끈하게 다듬는 것처럼 물리적인 힘으로 각질을 제거한다. 굳은살 제거기 역시 지나친 각질 제거로 후유증을 겪지 않으려면 사용 횟수를 조절할 필요가 있다. 발바닥의 피부를 보호하는 각질을 깡그리 제거하면 반드시 후유증이 남는다.

내가 회사 여성 직원들에게 자주 하는 질문이 있다.

"예뻐지기 위해서 어느 정도까지 희생할 수 있어요?"

미백으로 예를 들면 어떤 사람들은 피부 빛이 충분히 하얗지만, 백인처럼 하얘지고 싶어서 하이드로퀴논을 이용한 피부 관리, 박피 등과 같은 강한 방법을 쓴다. 이러면 단시간에 피부를 하얗게 만들 수는 있지만 피부 건강을 해쳐 민감함, 붉은 반점, 부어오름 등과 같은 골치 아픈 문제가 생길 수 있다.

각선미를 가꾸는 것도 마찬가지이다. 어떤 사람들은 모

델처럼 가늘고 긴 종아리와 매끈한 발뒤꿈치를 갖고 싶어
서 매우 자극적인 방법을 이용하는데, 장담컨대 만만찮은
후유증에 시달리고 땅을 치며 후회하게 될 것이다. 아름다
워지면 좋다. 하지만 건강하게 아름다워져야 한다. 가장 중
요한 것은 후유증 없이 아름다워지는 것임을 반드시 기억
하자!

36　레몬수를 마시면 살이 빠질까?

미백과 다이어트는 1년 365일 내내 뭇사람들의 관심거리이다. 하지만 무더운 여름이 되면 이 두 주제에 대한 관심이 더 뜨거워진다! 최근에 어떤 연예인은 날마다 '레몬수'를 마신다고 말해서 화제가 되었다. 그녀는 아침에 일어나자마자 끓인 물에 레몬 조각을 넣어 마신다며, 개인의 기호에 따라서 약간의 꿀을 첨가해도 좋다고 말했다. 그녀의 날씬한 몸매와 하얀 피부를 보고 문득 이런 생각이 들었다.

'아! 또 여기저기서 레몬수 마시는 사람들이 늘겠구나!'

그녀의 피부 비결이 공개된 후 인터넷에 레몬과 보온병을 함께 판매하는 광고가 뜨기 시작했는데, 우리 회사 사무실의 냉장고에도 레몬이 꽤 쌓였다. 과일과 채소를 많이 섭취하는 것은 좋은 일이다. 하지만 레몬수만 마셔도 될까? 레몬수가 그렇게 신기한 물일까?

레몬은 살을 빼준다?

레몬의 최대 영양 가치는 비타민 C이다. 비타민 C는 모든 비타민 중에서 가장 사랑받는 비타민으로, 체내의 콜라겐 합성을 촉진하고 괴혈병을 예방하는 인체에 꼭 필요한 영양소이다. 이 밖에 다양한 연구 결과, 비타민 C는 감기를 예방하고 독소를 배출하고 고혈압을 예방하는 등의 효능이 있는 것으로 밝혀졌다. 개인적으로 넘쳐나는 비타민 C의 효능들을 다 믿지는 않지만, 적당히 섭취하는 것은 건강에 도움이 된다고 생각한다.

비록 레몬은 장점이 많은 과일이지만 다이어트에 한해서 그닥 효력을 내지 못한다. 유일하게 다이어트에 도움을 주는 것을 뽑으라면 레몬수이다. 현대인은 물을 잘 마시지 않고 당분이 첨가된 음료수를 많이 마신다.

만약에 레몬수의 효능을 믿으면 달짝지근한 음료수를 덜 마시고 물을 더 많이 마시길 바란다. 그러면 열량 섭취가 낮아지고 신진대사가 활발해져 체중을 조절에 도움이 된다. 레몬수를 만들 때 신맛을 낮추기 위해서 꿀이나 기타 당분을 첨가하면 외려 열량 섭취가 높아지므로 당도를 조절해야 한다.

전적으로 레몬수에 의지해서 살을 빼려고 하면 안 된다. 다이어트는 '덜 먹고 더 움직이기'에 의지해서 진행해야 한다. 음식을 적당히 먹고 꾸준히 운동하는 것이 체중 조절의 지름길이다.

레몬수의 주의 사항

레몬은 비타민 C 외에 비타민 B군 및 칼슘, 마그네슘, 인, 칼륨, 철분 등의 미네랄이 풍부하다. 하지만 좋은 영양분도 지나치게 섭취하면 몸에 부담이 된다. 레몬은 산성이라서 치아를 쉽게 자극하는데, 산에 지속해서 자극받으면 치아의 에나멜이 침식되어 민감성 치아가 된다.

또한 레몬은 감광 성분을 함유해서 피부에 묻으면 반드시 깨끗하게 씻어야 한다. 레몬즙이 묻은 채로 햇볕을 쐬면 광민감성 피부염, 간지러움, 물집, 검은 반점 등이 생긴다. 따라서 레몬수를 만들 때 특별히 주의해야 한다.

또 어떤 과일에 비타민 C가 함유되었을까?

사실 레몬보다 비타민 C를 더 많이 함유한 과일은 많다. 구
아바, 키위, 오렌지가 그들이다. 비타민 C의 신화가 된 레몬
수처럼 이들 과일도 매우 훌륭한 천연 비타민 C 보고이다.

미백에 관해서 많은 사람이 내게 물었다.

"박사님, 레몬수를 지겹도록 마셨는데 왜 아직도 피부
가 하얗지 않을까요?

미백에서 가장 중요한 점은 자외선을 차단하는 것이다.
자외선 차단 제품을 바르고 미백 기능성 화장품을 바르면
건강하고 하얀 피붓빛을 가질 수 있다.

37 다이어트 차는 진짜로 지방을 분해할까?

한낮의 무더위에 땀을 비 오듯 흘릴 때면 절로 달콤하고 시원한 아이스크림이 간절하고, 주말 저녁에 삼삼오오 모여 불고기를 구울 때면 맥주를 빼놓을 수 없다. 한데 맛있는 음식을 마음껏 즐기는 것은 대량의 지방과 열량을 섭취하는 것을 의미한다. 그럼 어떻게 하면 좋을까?

우리 회사의 어느 직원은 말한다.

"에이, 박사님. 진즉에 다이어트 차를 공동 구매해 놓았죠. 다이어트 차 한 잔이면 많이 먹어도 걱정 없어요!"

하, 헛되도다! 날마다 내가 칼럼을 쓰는 모습을 직접 보고 또 그 칼럼을 읽으면서 어떻게 아직도 다이어트 식품을 맹신할 수 있을까?

차는 다이어트에 도움을 줄까?

좋은 질문이지만 "Yes or No"로 간단하게 대답할 수 있는 문제는 아니다. 연구 결과에 따르면 차는 신진대사를 활발하게 하고, 지방의 산화를 촉진하고, 지방의 축적과 소화효소의 작용을 억제해서 다이어트에 도움이 된다. 또한 콜레스테롤을 포함한 혈액 내 지질, 혈압, 혈당을 낮추고 항암 효과가 있는 것이 증명되었다.

"우와 대단하네요! 그것 보세요, 박사님. 많이 먹어도 차 한 잔이면 걱정 없다니까요!"

불현듯 최근에 읽은 '아무도 모르는 수박 껍질의 비아그라 효능'이라는 제목의 기사가 생각난다. 완전히 틀린 내용의 기사는 아니었다. 이론적으로 수박 껍질의 일부 성분은 체내에서 아르기닌을 생성해서 '기회'가 있을 때 도움을 줄 수 있다. 하지만 비아그라 효과를 얻으려면 수박 껍질을 얼마나 먹어야 할까?

다이어트 차도 같은 개념이다. 확실히 차의 카테킨 성분은 신진대사를 활발하게 하고 체내에 지방이 축적되는 것을 억제한다. 하지만 음식을 실컷 먹은 뒤에 다이어트 차를 마신다고 해서 모든 지방이 제거될 정도로 대단한 효과가 있는 것은 아니다. 다이어트 효과를 얻으려면 다이어트 차를 마시는 것 외에 적당한 식사와 운동을 병행해야 한다.

모든 차가 다이어트에 도움이 될까?

앞서 살짝 등장한 카테킨은 차의 주성분이다. 하지만 발효 과정을 거치지 않은 녹차는 홍차, 우롱차보다 폴리페놀과 카테킨의 함량이 훨씬 높다.

아! 여기서 내가 말하는 차는 뜨거운 물에 찻잎을 넣고 직접 우려 마시는 차를 가리킨다. 테이크아웃 전문점에서 판매하는 차와 병에 포장되어 상점에서 판매하는 차의 다이어트 효과는 장담할 수 없다.

"박사님, 그건 편견 아니에요?"

그렇지 않다. 내가 이렇게 설명하는 데는 두 가지 이유가 있다. 먼저 첫 번째로, 테이크아웃 전문점에서 판매하는 차나 병에 포장되어 판매하는 차에도 분명히 찻잎이 들어간다. 하지만 양이 얼마나 될까? 전성분표에 적힌 '찻잎 추출물'은 뭘까? 찻물의 색과 향을 내기 위해서 색소와 향료를 얼마나 첨가할까? 이것은 차를 사서 마시는 소비자는 당최 알 수 없는 내용이다.

두 번째는 첫 번째보다 더 중요한 내용인데, 시중에서 판매하는 차는 당분이 들어 있다. 약한 단맛은 건강에 영향을 주지 않으면서 차의 맛을 훨씬 부드럽게 만드니까 괜찮으리라고 생각하지 마시라. 살짝 단 음료에도 당분이 들어간다. 당분이 첨가된 음료를 날마다 마시면 자신도 모르게 열량을 과잉으로 섭취해서 다이어트 효과가 상쇄된다.

차를 물 삼아 마셔도 될까?

오, 절대 그러지 마시라! 차는 폴리페놀 외에 카페인, 디오필린, 타닌산 등의 성분이 함유되어 지나치게 많은 양을 마시면 소화와 수면에 지장을 줄 수 있으므로 차를 물 삼아 마시면 안 된다.

　정리하면 차는 좋은 음료이고 분명히 다이어트 효과가 있다. 하지만 모든 좋은 음식이 그런 것처럼 차 역시 '만병통치약'은 아니다. 기름진 음식을 잔뜩 먹은 뒤에 다이어트 차를 한 잔 마시곤 날씬하고 균형 잡힌 몸매를 꿈꾸면 안 된다. 차를 마시는 것 외에 적당히 먹고 규칙적으로 생활하고 운동도 빼놓지 않아야 한다. 마지막으로 차는 가능하면 직접 우려서 마시자!

38

콜라겐을
먹는 것과
안 먹는 것의
차이

시중에는 소비자의 선택을 기다리는 각양각색의 콜라겐 제품들, 예컨대 먹는 콜라겐 제품과 바르는 콜라겐 제품이 있다. 최근에는 예뻐지고 싶어 하는 여자들 사이에서 콜라겐 제품이 선풍적인 인기를 끌어 드러그스토어에 입고되기 무섭게 팔린다.

그렇다면 콜라겐 제품을 먹으면 진짜로 콜라겐이 보충될까? 아름다움을 잃지 않고 계속해서 젊은 피부를 유지할 수 있을까?

사실 콜라겐은 닭발, 돼지 귀, 닭 껍질 등 많은 식재료에 들어 있어 음식물 섭취를 통해서 충분히 보충할 수 있다.

콜라겐에 관해서 소비자들이 어떤 점을 가장 궁금해하
는지 한번 파헤쳐 봤다.

바르는 제품과 먹는 제품 중 효과가 더 좋은 것은?

콜라겐 파우더, 마시는 콜라겐, 콜라겐 젤리 등은 대표적인
먹는 콜라겐 제품이다. 이들 제품의 효과는 개인의 체질에
따라서 달라진다. 그도 그럴 것이 모든 음식물은 배 속에서
아미노산으로 분해된 뒤에 다시 세포에 의해서 각종 단백
질로 합성되기 때문이다. 하지만 콜라겐을 직접 섭취하면
체내에서 콜라겐을 만드는 성분이 더 많이 생성되는 시너
지 효과가 생길 가능성이 높다.

바르는 콜라겐 제품은 어떨까? 사실 콜라겐은 분자가
너무 커서 피부에 직접 발라도 흡수되지 않는다. 시중에서
판매하는 '바르는 콜라겐'은 주로 피부를 촉촉하게 해 주거
나 화장이 피부에 잘 밀착되게 돕는 용도이고 피부를 탄력
적으로 만드는 효과는 그리 크지 않다.

최근에 출시된 입는 콜라겐은 효과가 있을까?

최근에 출시된 콜라겐이 함유된 옷은 입는 동시에 콜라겐

이 보충되는 새로운 개념의 제품이라서 많은 사람이 관심과 호기심을 보였다. 하지만 단지 입기만 해도 콜라겐이 흡수될까?

사실 그럴 가능성은 높지 않다. 바르는 콜라겐도 피부에 잘 흡수되지 않는 마당에 입는 콜라겐이, 그것이 티셔츠이건 바지이건 간에 효과를 발휘할 가능성은 거의 제로에 가깝다.

온갖 것들이 다 판매되는 시장에서 과장된 광고에 속지 않으려면 소비자는 자신에게 진짜로 도움이 되는 제품이 무엇인지 두 눈을 크게 뜨고 관찰해야 한다.

39

꼭
알아야 하는
선 케어
지식

최근 몇 주간 폭염이 지속되자 많은 사람이 바다로 떠났다. 하지만 따가운 뙤약볕을 그대로 쬐자니 한 가지 걱정이 밀려온다. 이러다가 온몸이 까맣게 타면 어쩌지?

내게 여름이 온다는 것은 다음과 같은 질문 폭탄을 받게 되는 것을 의미한다.

"물리적인 자외선 차단과 화학적인 자외선 차단을 어떻게 구분해요?"

"SPF 지수가 높을수록 좋은 것 맞죠?"

"워터프루프 기능이 있는 선크림을 바르면 피부가 상해요?"

"비싼 선크림은 조금만 발라도 되나요?"

모두가 안심하고 여름을 날 수 있게 자외선 차단에 관한 문제를 한번 정리해 봤다. 부디 많은 사람에게 도움이 되길 바란다.

선 케어 기본 지식

자외선 차단에 대해서 이해하려면 일단 자외선을 알아야 한다. 태양광 중의 자외선은 피부를 까맣게 태우고 색소 침착을 일으키는 주범이다. 그렇다면 자외선은 뭘까?

UV 즉 자외선은 'Ultraviolet Ray'의 줄임말이다. 쉽게 설명하면 무지개에서 보라색 밑에 있는 눈에 보이지 않는 태양광이다. 사람의 눈으로 볼 수 있는 가시광선은 380~780nm(나노미터)의 파장을 가진 전자파이다. 자외선은 파장이 380nm보다 짧은 전자파이고, 파장에 따라서 세 종류로 나뉜다.

1) UVA : 파장 315~400nm
2) UVB : 파장 280~315nm
3) UVC : 파장 100~280nm

전자파는 파장이 짧을수록 에너지가 강하다. 따라서 피

부에 해로운 순으로 나열하면 UVC 〉UVB 〉UVA 순이다.

　이쯤 되면 한 가지 두려운 생각이 든다.

　"박사님, 파장 순으로 따지면 UVC가 가장 강력한데 왜 UVC를 차단하는 제품은 없어요?"

　걱정 마시라. 자외선은 대기 중의 오존층에서 대부분 걸러지는데 특히 UVC는 지구 표면에 거의 도달하지 않는다. 이에 반해 UVA와 UVB는 지구 표면에 도달하며, UVA의 양이 UVB보다 훨씬 많다.

SPF, PA는 무엇을 의미할까?

SPF, PA는 자외선 차단 지수를 나타내는 표기법이다. 구체적인 정의는 매우 학술적이라서 이곳에서 설명하지 않기로 하고, 궁금한 사람은 각자 인터넷에서 검색해 보기를 바란다. 간단하게 예를 들어 설명하면 SPF는 햇볕을 10분 동안 쐬었을 때 피부가 벌겋게 익는 반응을 가리킨다. 만약에 자외선 차단 제품을 바르고 햇볕을 쐬었을 때 150분 뒤에 피부가 벌겋게 익으면 'SPF15'로 표기된다. 자외선 차단 제품을 전혀 바르지 않았을 때보다 피부가 벌겋게 익는 시간이 15배 연장된 것이다. 달리 말하면 SPF15 제품은 (15-1)/15=14/15=93.3%의 자외선을 차단하는 것을 의미한다. 자외선 중에서도 피부를 벌겋게 만드는 주범은 UVB이다. 그 때문에 사람들은 SPF를 선 케어 제품의 UVB 차단 효과를 판단하는 근거로 삼는다.

PA는 일본이 제정한 UVA 차단 정도를 가리킨다. PA+, PA++, PA+++, PA++++의 네 종류로 구분되며, '+'가 많을 수록 자외선 차단 효과가 뛰어나다. 유럽과 미국은 PA 외에 IPD, PPD, Boots Star Rating 등의 다양한 표기법으로 UVA의 차단 효과를 나타낸다.

물리적인 자외선 차단과 화학적인 자외선 차단 구별법

간단하게 설명해서 물리적인 자외선 차단은 햇볕에 피부가 익지 않게 파우더를 이용해서 피부를 가리는 것이다. 주요 성분은 산화아연과 티타니아이다. 이미 아는 사람도 있겠지만 사실 이 두 물질은 미네랄 파운데이션의 주요 성분이다. 이에 비해 화학적인 자외선 차단은 화학적인 선 케어 제품을 이용해서 자외선을 흡수하는 원리로 자외선 차단 효과를 얻는다.

일반적으로 물리적인 자외선 차단 제품은 매우 안전하다. 자극적이지 않고 알레르기 반응을 일으키지 않아서 유아와 피부 미용 치료를 받은 사람은 물리적인 자외선 차단 제품을 사용하는 것이 적합하다. 과거에 물리적인 자외선 차단 제품의 단점으로 손꼽힌 백탁과 밀림 현상은 최근에 많이 개선되었다.

화학적인 자외선 차단 제품의 장점은 끈적이지 않고 제형의 변화가 다양한 것이다. 하지만 피부에 자극적인 점 때문에 제품의 안전성을 걱정하는 사람들이 많은데, 화학적인 자외선 차단 제품의 성분은 모두 자극적이다.

따라서 내게 제품의 성분을 일일이 열거하며 "xx 성분은 안전한가요?"라고 물을 필요가 없다. 그렇다고 지나치게 걱정할 필요도 없고 화학적인 자외선 차단 제품을 악마 취급할 필요도 없다.

최근에 기술이 좋아져서 자극적이지 않은 자외선 차단 성분도 많이 개발되었다. 또한 사람들이 바르는 것은 순도 100%의 화학적 자외선 차단 성분만 있는 제품이 아니라 다른 성분이 배합된 제품이다. 검증받고 인증받은 화학적 자외선 차단 제품은 안심하고 사용해도 된다.

사실 자외선 차단 제품이 물리적인 것인지, 화학적인 것인지 구태여 집착할 필요는 없다. 시중에서 판매하는 70%이상의 자외선 차단 제품은 자외선 차단 효과와 사용의 편리성을 높이기 위해서 물리적·화학적 자외선 차단 성분을 동시에 사용한다.

워터프루프 기능은 피부를 상하게 할까?

흥미로운 문제이다. 솔직히 자외선 차단 제품에서 워터프루프 기능은 매우 중요하다. 자외선 차단 효과를 오랫동안 지속시키기 위해선 제품이 물에 지워지면 안 되기 때문이다.

특히 주말이나 휴가 기간에 야외 스포츠나 물놀이를 할 땐 더 그렇다. 하지만 워터프루프 기능이 있는 자외선 차단 제품은 두 가지의 큰 문제가 있다. 첫 번째는 진짜로 물에 지워지지 않느냐이고, 두 번째는 물에 지워지지 않으면 어떻게 지우느냐이다.

워터프루프 기능이 있는 자외선 차단 제품은 풀과 비슷한 성분이 첨가되어 물에 잘 씻기지 않고 피부 표면에 오랫동안 머문다. 원래 모든 자외선 차단 제품은 반드시 클렌징 제품을 이용해서 지워야 하는데, 특히 워터프루프 기능이 있는 자외선 차단 제품은 피부에 부담을 주지 않기 위해서 더더욱 깨끗하게 씻어내야 한다.

비싼 선크림은 조금만 발라도 될까?

예전에 어떤 손님에게 이런 말을 들었다.

"저는 유명 브랜드의 비싼 선크림만 써요. 비싼 건 콩 한 톨만큼만 사용해도 얼굴이 안 타거든요. 가격은 부담스럽지만 그래도 돈값을 하는 것 같아요."

오호! 비싼 선크림은 조금만 발라도 된다는 말을 믿지 마시라. 앞에서 설명한 SPF, PA 지수는 $1cm^2$ 크기의 피부에 2mg의 자외선 차단 제품을 발라서 측정한다. 다시 말해서 SPF30의 선크림을 콩 한 톨만큼 짜서 얼굴 전체에 바르는 것보다 SPF15의 선크림을 듬뿍듬뿍 발라주는 것이 낫다. 자외선 차단 지수가 높고 유명 브랜드의 비싼 자외선 차단 제품이라도 충분한 양을 바르지 않으면 말짱 도루묵이다!

자외선 차단 제품을 바를 때 한 번에 얼굴은 500원짜리 동전 크기만큼, 전신은 30~40g을 발라야 한다. 고가의 선크림을 사서 조금씩 바르면 기대하는 자외선 차단 효과를 얻을 수 없다. 기껏 비싸게 샀는데 부담 없이 팍팍 쓸 수 있는 저렴한 가격의 선크림보다 못한 효과를 얻으면 너무 손해이지 않은가.

이 밖에 자외선 차단 제품을 덧바르는 것은 필수적이다. 주말에 야외 활동을 할 땐 두 시간에 한 번씩 덧발라야 한다. 물놀이를 할 땐 한 시간에 한 번씩 덧발라야 자외선 차단 효과를 얻을 수 있다. 자외선 차단 제품을 발랐다고 해서 끝이 아니다. 긴소매 옷 입기, 양산 쓰기, 그늘에서 걷기 등도 여름철에 피부가 까맣게 타는 것을 방지할 수 있는 좋은 비결이다. 결코 '난 자외선 차단 제품을 발랐으니까 햇볕에 막 다녀도 괜찮아!'라고 생각하면 안 된다.

40

임산부는
화장해도
괜찮을까?

예비 엄마들은 위대하다. 배 속의 아기를 위해서 얼마나 많은 생활 습관을 바꾸는가. 하지만 배 속의 아기를 너무 소중히 여긴 나머지 행여 어떤 물건을 잘못 사용하고 아기에게 나쁜 영향을 줄까 봐 전전긍긍하고 제풀에 놀라는 임산부들을 많이 봤다.

그렇다면 임산부는 화장품을 사용할 때 어떤 점을 주의해야 할까?

절대적으로 피해야 하는 아시트레틴!

아시트레틴은 먹는 것과 바르는 것으로 나뉜다. 먹는 아시트레틴은 주로 심각한 여드름을 치료할 때 사용되는데, 효과가 좋은 반면에 태아의 발육에 영향을 주는 등 부작용이 만만치 않아서 임산부는 절대 사용하면 안 된다. 바르는 아시트레틴은 먹는 아시트레틴보다 위험성은 낮지만, 여전히 안전을 위해서 임신 기간에는 사용하지 않는 것을 권한다.

비타민 A의 유도체인 레티놀도 피부 재생을 촉진하는 효과가 뛰어나고 이론적으로 위험하지 않지만, 임신 기간에는 되도록 피하는 것이 좋다.

이 밖에 레티놀과 비타민 A를 혼동하면 안 된다. 임신 기간에는 필수적으로 적당한 양의 비타민 A를 보충해야 하는데, 종합 비타민이나 임산부 전용 비타민은 적당한 양의 비타민 A가 함유되어 정상적으로 복용해도 괜찮다. 꼭 기억해야 하는 점은 비타민 A를 임의로 과다 복용하면 기형아를 출산할 위험이 있으므로 반드시 산부인과 의사와 상담하고 복용해야 한다.

산성의 유효 성분은 되도록 피한다

최근에 피부 미용 치료가 성행해 타르타르산, 살리실산, 만델산 등은 많은 사람이 한 번쯤 들어본 유명한 성분이 되었다. 그렇다면 임산부는 이들 성분을 사용해도 될까? 이들 성분이 들어간 화장품 정도는 사용해도 괜찮지만, 피부 관리실에 가서 고농도의 필링을 받는 것은 권하지 않는다.

바라건대 예비 엄마들이 "xxx 성분을 사용해도 괜찮을까요?", "ooo를 사용해도 문제가 없을까요?"와 같은 질문을 하며 마음에 부담을 느끼지 않았으면 좋겠다. 이들 성분을 사용한다고 해서 배 속의 아기가 반드시 잘못되는 것은 아니다.

하지만 걱정과 두려움 같은 어둡고 무거운 정서는 신체 건강에 절대적으로 나쁘다. 산성의 유효 성분이 함유된 기능성 화장품을 사용하기는 불안하고 그렇다고 가만히 있자니 얼굴의 잡티가 신경 쓰일 땐 일단 자외선 차단 제품을 열심히 바르시라.

미백 치료는 출산한 뒤에 받아도 늦지 않다. 선 케어 제품은 되도록 알레르기 반응을 잘 일으키지 않는 물리적인 자외선 차단 제품을 바르고, 긴 소매와 양산을 이용하는 것도 좋다.

이 밖에 미백 성분 중에서 지혈 효과가 있는 트라넥사민산은 피부에 발라도 태아에게 크게 영향을 주지 않지만, 임신 기간에는 사용하지 않는 것이 좋다. 필수품도 아닌데 바르고 괜히 마음 졸일 필요가 있는가?

피부 관리실에서 마사지를 받을 때 사용하면 안 되는 기구

임신하면 피부 타입이 바뀌어 상황에 따라서 피부과 전문의나 피부 관리사의 도움이 필요할 때가 있다. 아마 이런 말을 들어본 적이 있을 것이다.

"피부 관리 기기는 기종마다 효과는 서로 다르지만 대부분 미세 전류를 이용해서 피부를 자극해요. 성인에게 미세 전류는 조금 간질간질하고 따끔한 정도이지만 태아에게, 특히 3개월 미만의 태아에게는 심각한 영향을 줘서 유산할 수 있으니 신중해야 해요."

솔직히 완전히 틀린 말은 아니지만 아직 실측 데이터와 문헌 보고가 부족해서 반드시 위험하다고 말할 수 없다. 하지만 기능성 성분처럼 필수품도 아닌데 괜히 바르고 마음을 졸일 필요가 있을까? 임신 기간에는 되도록 사용하지 말자!

매니큐어와 색조 화장

기능성 화장품 외에 색조 화장품은 어떤 점을 주의해야 할까? 사실 색조 화장품은 기능성 화장품보다 '이상한 물질'이 더 많이 첨가되어 피부와 신체에 더 큰 영향을 준다. 하지만 예비 엄마들에게 "9개월 동안 화장하지 마세요"라고 말하면 아마 다들 견디기 힘들어 할 것이다. 그렇다면 되도록 눈 화장과 립스틱은 피하자. 쉽게 설명해서 물과 땀에 잘 지워지지 않는 색조 화장품은 모두 사용하면 안 된다. 화장이 물과 땀에 잘 지워지지 않으려면 그에 따른 화학 물질이 필요한데, 이들 화학 물질은 대부분 인체에 나쁜 영향을 준다.

이 밖에 매니큐어 및 매니큐어 리무버는 위험한 화학 성분이 굉장히 많이 첨가되었으므로 임신 기간에는 근처에도 얼씬하지 말 것을 강력하게 권한다.

매니큐어는 어떤 독한 성분이 있을까?

시중에서 판매하는 형형색색의 매니큐어. 물에 지워지지 않고 색과 광택이 오래 지속되는 점에서 누가 봐도 건강에 좋은 영향을 주는 물질이 아님을 알 수 있다. 매니큐어의 염료를 손톱에 밀착시키는 성분은 가소제, 필름 형성제, 염료, 용제 이렇게 네 개이다. 이 중에서 가장 큰 비율을 차지하고 반드시 첨가해야 하는 성분은 용제이다. 매니큐어를 손톱에 균일하게 바르고 빨리 마르게 하려면 용제는 반드시 유기용제를 사용해야 한다. 이것은 곧 매니큐어가 완전히 무해무독할 수 없다는 것을 의미한다.

초기의 매니큐어는 포름알데히드, 톨루엔, DBP(프탈산

디부틸, 가소제의 일종)를 사용했다. 모두 일상에서 사용하기에 적합하지 않은 물질들이다. 많은 사람이 아는 것처럼 포름알데히드는 1급 발암 물질이고, 톨루엔은 제조 과정에서 간 기능을 손상시키는 벤젠 산화물이 생성되고, 환경 호르몬인 DBP는 생식 기능에 영향을 준다. 이러한 이유로 뷰티 업계에서 이 세 물질은 'Toxic Trio(유독 물질 트리오)', 'Big 3(3대 유독 물질)'라고 불린다. 해외에서 구매한 매니큐어에 'Big 3 FREE'라고 표기되었으면 이 세 화학 성분이 첨가되지 않은 것을 가리킨다.

한데 문제가 이렇게 단순할까? 포름알데히드, 톨루엔, DBP는 확실히 해로운 물질이다. 하지만 제조사가 일부러 마음을 악하게 먹고 소비자들을 독살하기 위해서 매니큐어에 이 물질들을 첨가할까?

그렇지 않다. 반드시 첨가해야 하는 이유가 있다. 톨루엔은 효과가 뛰어난 용제이고, DBP는 가소제이고, 포름알데히드는 용제 외에 손톱을 단단하게 만드는 효과가 있다. 'Big 3 FREE' 매니큐어를 만들려면 이 세 성분을 빼고 다른 대체 성분을 넣으면 된다.

그럼 어떤 대체재를 사용하면 될까? 안타깝게도 대체재라고 해 봤자 종류만 다른 똑같은 유기용제이다. 대체재는 포름알데히드, 톨루엔, DBP보다 안전할 수 있지만, 그것 역시 완전히 무해무독하지 않다.

따라서 'xxx FREE'라는 문구가 있어도 100% 순하고 안전한 매니큐어라고 생각하면 안 되고, 환기가 잘되는 곳에서 피부에 묻지 않게 사용해야 한다.

매니큐어 리무버도 만만치 않게 독하다

매니큐어만 독하랴. 매니큐어를 지우는 리무버의 위험성도 매니큐어 못지않게 높다. 매니큐어를 지우는 유기용제는 매우 많지만 모든 유기용제를 인체에 다 사용할 수 있는 것은 아니다.

메틸알코올$^{methyl\ alcohol}$, 아세토나이트릴^{acetonitrile}은 독성이 매우 강해서 사용이 금지된 성분이다. 앞서 설명한 '유독물질 트리오' 중 하나인 톨루엔도 유독한 벤젠 산화물을 생성해서 법적으로 최대 25%까지만 첨가할 수 있다.

시중에서 판매하는 매니큐어 리무버는 대부분 톨루엔과 아세톤을 사용한다. 이마저도 최근에는 '아세톤 프리'를 표방하며 순하고 자극적이지 않은 유기용제를 사용하는 브랜드가 하나둘 늘기 시작했다.

한데 유감스럽게도 그래 봤자 유기용제이다. 종류만 다른 것뿐이고, 피부를 자극하지 않고 상하지 않게 하는 완전히 순한 유기용제는 없다.

다음은 매니큐어 리무버에 대해서 사람들이 궁금해하는 점을 파헤쳐 봤다.

비타민 E가 첨가된 리무버는 순하다?

비타민 E를 첨가한 것은 좋지만 그래 봤자 리무버이다. 철분을 첨가한 탄산음료가 신진대사 향상과 골다공증 예방에 도움을 주지 않는 것처럼 말이다. 리무버에 비타민 E를 첨가한다고 해서 리무버 속의 유기용제가 순하고 자극적이지 않게 변하지 않는다.

아세톤 프리 리무버는 안전하다?

과거에 리무버에 아세톤을 첨가한 것은 매니큐어를 지우기 위해서였다. 그렇다면 아세톤 대신에 어떤 유기용제를 첨가하면 좋을까? 알코올, 아세톤보다 냄새가 자극적이지 않고 손톱도 허옇게 만들지 않는 성분이면 좋을까? 이런 유기용제가 있긴 하다. 바로 독성이 강하고 암을 유발해서 사용이 금지된 메탄알코올이다.

스티로폼을 녹이지 않는 리무버는 순하다?

큰 착각이다! 리무버가 스티로폼을 녹이는 여부는 순하거나 안전한 것과 전혀 관계없다. 일부 리무버가 스티로폼을 녹이는 것은 내용물에 첨가된 아세톤이 스티로폼을 녹이기 때문이다. 그렇다면 아세톤이 첨가되지 않은 리무버로 바꾸어 사용하면 괜찮을까? 사용이 편리하고 가격이 저렴하고 냄새가 코를 찌르지도 않고 스티로폼을 녹이지도 않고 손톱을 허옇게 만들지도 않는 성분이 있다. 이 역시 앞서 이야기한 메탄알코올이다.

해롭지 않은 천연 매니큐어 리무버가 있을까?

예전에 식물성 염색약에 관한 칼럼을 썼을 때 어느 독자가 이런 메시지를 보냈다.

"천연 염색약을 좋아하는 사람들에게 이제 아무런 희망이 없는 것입니까?"

유독 성분이 없는 순한 염색약을 못 만드는 것이 아니다. 하지만 장담컨대 많이 팔리지 않을 것이다. 왜일까? 염색약에 과산화수소수를 첨가하지 않으면 샴푸 몇 번 만에 염료가 다 빠지기 때문이다. 같은 이유로 유기용제가 적게 첨가된 매니큐어는 고르게 발리지도 않을 뿐더러 며칠 만에 다 벗겨진다.

기본적으로 색상과 모양을 바꾸고 오랫동안 퇴색되지 않는 것 중에서 순한 것은 없다. 임신 중이거나 모유 수유 중일 때 '괜찮겠지' 하는 마음으로 사용해 놓고 나중에 괜히 마음고생하는 것보다 굳이 사용하지 않아도 되는 것이면 되도록 사용하지 않는 것이 좋다.

Part 4.

청소에 관한 화학 상식

41

조심해야 하는
가정용
세정제
성분

미국 환경보호국이 시중에서 판매하는 세탁용·설거지용 세정제의 샘플을 조사한 결과, 친환경 제품이 그렇지 않은 제품보다 환경 오염을 덜 일으키지만 일부 친환경 제품은 환경 보호 기준에 못 미치는 것으로 나타났다.

기준치를 초과한 알킬페놀은 동식물의 생식 기능 및 유아의 발육에 영향을 주고, 과도한 양의 방부제는 점막을 자극하고 심하게는 암을 일으킨다. 신문에서 이 기사를 읽은 주부들은 또 크게 걱정했을 것이다. 그러면 세정제는 어떤 것을 선택해야 할까?

청소에 관한 화학 상식

100% 안전한 세정제가 있을까?

문득 예전에 읽은 어느 프랑스 부부의 사례가 생각난다. 이들 부부는 침대보와 커튼 등을 세탁 전문 업체에서 찾아온 뒤에 갑작스럽게 2세 아들을 잃었다. 세탁 전문 업체가 드라이클리닝을 할 때 유독한 유기용제인 테트라클로로에텐을 사용했는데, 침대보와 커튼 등에 남은 테트라클로로에텐에서 방출된 화학적 냄새가 아이의 사인으로 추정됐다.

사람들은 날마다 세정제를 사용한다. 수저와 그릇은 주방용 세정제로 설거지하고, 빨래와 화장실 청소를 할 때도 세정제가 필요하다. 따라서 세정제에 유해한 물질이 있으면 이것을 고대로 먹고 입는 꼴이 되기 때문에 주부들은 당연히 걱정할 수밖에 없다.

하지만 내가 늘 말하는 것처럼 공포는 무지에서 나온다. 세정제를 어떤 성분으로 만드는지, 유해한 성분을 첨가하는 이유와 대체할 수 있는 제품이 있는지를 알면 막연한 공포가 사라진다.

세정제는 어떤 성분이 첨가될까?

세정제의 주요 성분은 당연히 계면활성제이다. 모든 계면활성제가 인체에 해롭지는 않지만, 알킬페놀과 노닐페놀은 유독 해로워서 사용이 금지되었다(〈보디클렌저보다 수제 비누가 더 순하다?〉편 참조) 세정제에 첨가되는 성분 중에서 논란의 여지가 있는 나머지 성분들은 다음과 같다.

연수제

수돗물에 칼슘·마그네슘 이온의 농도가 지나치게 높으면 세정 효과가 떨어진다. 그 때문에 세정제는 트리폴리인산나트륨$^{sodium\ tripolyphosphate,\ STPP}$, 나이트릴로트라이아세트산$^{nitrilotriacetic\ acid,\ NTA}$, 에틸렌디아민사아세트산$^{ethylenediaminetetraacetic\ acid,\ EDTA}$ 같은 칼슘·마그네슘 이온을 제거하는 성분이 첨가된다.

하지만 이들 성분은 환경에 큰 영향을 주는 단점이 있다. 예를 들어 인삼염이 호수와 하천에 흘러들면 조류와 부유물이 대량 번식하는 부영양화가 일어나고 악취가 진동하며, 산소가 부족하여 수질이 악화하는 등의 현상이 일어난다.

나이트릴로트라이아세트산과 에틸렌디아민사아세트산은 금속에 달라붙어 하천과 호수의 중금속 농도를 높인다. 이런 이유로 한국을 비롯해 환경 보호에 앞장서는 국가들은 이들 성분의 사용을 전면 금지했다.

형광 증백제

세정 효과는 없지만 빛을 반사해 옷을 더 하얗게 보이

게 만든다. '방금 삶은 것처럼 하얗게'라고 광고하는 일부 세탁제는 형광 증백제를 첨가해서 바래거나 누렇게 뜬 옷의 색상을 세탁 후에 선명하고 깨끗하게 보이는 착각을 불러일으킨다. 실질적인 세탁 효과가 없는 점에서 근본적으로 불필요한 물질이다.

포름알데히드

암을 유발하는 매우 자극적인 물질이다. 비록 세정제에 첨가되어 방부, 살균, 소독의 효과를 내지만 독성이 강한 만큼 가정용 세정제에 사용이 엄격하게 금지되어야 한다.

테트라클로로에텐이 뭐기에 사망 사건을 일으킬까?

앞서 소개한 프랑스 남아 사망 사건의 주범으로 추정되는 물질인 테트라클로로에텐^{tetrachloroethene}은 드라이클리닝 세제이다. 기름때를 잘 녹이고 휘발성이 강해서 주로 드라이클리닝 및 금속의 기름때 제거에 사용된다.

사실 테트라클로로에텐의 독성은 그리 강하지 않다. 물론 장시간 고농도의 테트라클로로에텐에 노출되면 암에 걸릴 수 있지만, 즉각적으로 사망할 정도는 아니다. 학계 인사들이나 의사들은 프랑스 남아는 원래부터 호흡기 질환이나 기타 질병을 앓았으며, 수면 중에 대량의 화학 물질을 흡입하고 합병증이 일어나 사망한 것으로 추정한다.

따라서 괜히 겁먹을 필요가 없다. 만약에 드라이클리닝을 한 세탁물 때문에 사람이 목숨을 잃었다면 지금쯤 세탁업에 종사하는 사람들은 모조리 죽고 없을 것이다! 단, 드라이클리닝을 한 옷은 바람이 잘 통하는 곳에서 테트라클로로에텐을 모두 날려 버린 뒤에 옷장에 걸어 두는 것이 안전하다.

세정제와 테트라클로로에텐은 모두 일상생활에서 자주 사용하는 화학 제품이다. 무턱대고 겁을 먹고 두려워하기보다 두 눈을 크게 뜨고 전성분을 확인해서 유해 성분이 있으면 구매하지 않으면 된다(내가 화학 성분의 국문명과 영문명을 함께 표기한 이유를 이제 알겠는가? 단순히 지면을 채우기 위해서가 아니라 제품의 전성분이 영문으로 표기되었어도 소비자가 성분을 확인할 수 있기를 바라는 마음에서 국문명과 영문명을 모두 표기했다). 또한 혹시 모를 위험으로부터 스스로를 보호하기 위해서 제품을 올바르게 사용하는 것도 중요하다. 친환경 인증 마크를 100% 신뢰할 수 없지만, 없는 것보다 있는 것이 나으므로 되도록 친환경 제품을 구매하시라!

42

진드기 박멸 세탁제에는 어떤 성분이 있을까?

봄을 앞두고 몇 차례 한파가 들이닥쳤다. 유난히 변덕스러운 환절기에 우리 사무실의 공동 구매 아이템은 뭐였을까?

정답은 항균 및 진드기 박멸 기능이 있는 세탁제이다.

"박사님, 시중에서 판매하는 항균·진드기 박멸 세탁제의 어떤 성분이 균을 죽이는 거예요?"

"맞아요. 이전 칼럼에서 계면활성제에 대해서만 설명하시고 항균 작용에 대해서는 설명하지 않으셨어요."

"설마 살충제나 농약 종류의 성분은 아니겠죠?"

하, 이들 물음에 대해서는 정말로 간단명료하게 대답할 수 없다. 항균 및 진드기 박멸을 표방하는 세탁제는 페르메트린, 트리클로산 등의 성분이 첨가된다. 계면활성제와 세정 원리에 관한 내용은 이미 세정제 관련 칼럼에서 설명한 적이 있으므로 더는 설명하지 않겠다. 세탁제에서 살균 및 진드기 박멸 효과를 내는 유효 성분은 주로 페르메트린^{permethrin}이나 트리클로산이다.

페르메트린은 무시무시한 성분일까?

페르메트린은 피레드로이드^{pyrethroid} 계열의 살충제이다. 포유류에게 미치는 영향은 낮은 편이지만, 파충류에는 어마어마한 박멸 효과가 있다. 대상에 따라서 서로 다른 독성 반응을 나타내 실내에서 사용하는 모든 살충제에 첨가된다.

또한 살충 효과가 뛰어난 만큼 농약 성분으로도 사용된다. 페르메트린은 사용하면 안 되는 성분은 아니지만 사용량을 엄격히 제한하는 등의 주의가 필요하다.

속옷과 겉옷은 분리해서 세탁하는 것이 좋다

미국 환경보호청은 세탁물에 대해서 매우 적은 양의 페르메트린 사용을 허가한다. 그 때문에 세탁물에 페르메트린이 잔류해도 인체에 큰 위험이 없다. 하지만 인터넷 홈페이지를 통해서 진드기 박멸 효과는 겉옷에 필요하므로 속옷과 겉옷을 분리해서 세탁할 것을 명백하게 권고하는데, 진드기 박멸 성분에 노출된 속옷을 장시간 착용하면 인체에 해로울 수 있다.

트리클로산은 광범위하게 사용되는 살균제이다. 대장균, 황색포도상구균, 칸디다균, 곰팡이는 물론이고 바이러스까지 파괴해서 방부제 및 항균 제품에 두루두루 첨가된다.

살충제를 사용하지 않고 진드기를 박멸할 수 있을까?

간단한 방법이 있다. 실내를 건조하고 깨끗하게 만드는 것이다. 제습기나 에어컨의 제습 기능을 이용하면 실내를 건조하게 유지할 수 있다. 깨끗함은 집안을 수시로 청소해서 바닥에 떨어진 피부의 각질, 비듬, 머리카락을 제거하고, 침대보와 장난감은 50~60℃의 따뜻한 물에 세제를 풀고 깨끗이 세탁한 뒤에 건조기에 넣고 60℃ 이상에서 건조하면 된다.

'아이고. 진드기 박멸 성분 피하려다가 집안일만 늘게 생겼네'라고 생각할 수 있다. 하지만 진드기 박멸 성분을 100% 피하고 싶은 사람에게 이것은 좋은 방법이다.

43

설거지용
세제에
발암 물질이
들어 있다?

최근에 언론이 또 한 번 폭탄 같은 소식을 알렸다. 시중에서 판매하는 절반 이상의 설거지용 세제에서 포름알데히드가 검출되었다는 것이다. 포름알데히드는 결코 순하고 무해한 물질이 아니다. 확실히 농약 음료 사건, 방부제 밥보다 더 중요한 문제인 만큼 집중적으로 살펴볼 필요가 있다.

분명히 어떤 사람은 이렇게 질문할 것이다.

"절반 이상의 설거지용 세제에서 포름알데히드가 검출된 것은 꼭 필요한 성분이라서 그런 것이 아닐까요? 포름알데히드가 인체에 큰 영향을 주나요?"

먼저 포름알데히드는 유독 물질이다. 소량의 포름알데

히드는 눈, 코, 입의 점막을 자극할 뿐이지만 대량의 포름알데히드에 노출되면 통증, 구토 등의 증상이 일어나고 임산부는 유산할 수 있다. 일상생활에서 사람들이 포름알데히드를 가장 많이 접할 때는 간접흡연을 하거나 가정용 세제를 사용할 때이다. 새로 인테리어를 한 집이나 상점에 들어갔을 때 눈이 시큰거리는 것도 포름알데히드 때문이다.

이 밖에 포름알데히드는 국제암연구소[IARC]가 인정한 '1급 발암 물질'이다. 다시 말해서 명명백백히 암을 유발하는 물질이다. 따라서 생활용품에 포름알데히드가 첨가된 것을 결코 사소하게 생각하면 안 된다.

그렇다면 제조사는 포름알데히드의 유독성을 알면서도 왜 제품에 첨가할까?

설거지용 세제에 포름알데히드가 왜 필요할까?

사실 대부분의 제조사는 포름알데히드를 직접적으로 첨가하지 않는다. 설거지용 세제에서 검출된 포름알데히드는 쿼터늄-15[quaternium-15], 디엠디엠하이단토인[DMDM hydantoin], 디아졸리디닐우레아[diazolidinyl urea] 및 이미다졸리디닐우레아[imidazolidinyl urea] 등과 같은 '포름알데히드 방출제'라는 방부제가 용해되며 생긴 것이다.

"제조사는 이들 물질이 포름알데히드를 방출하는 것을

알면서 왜 제품에 첨가하죠?"

설거지용 세제를 개봉하고 사용하면 공기 중의 세균이 세제 통의 빈 곳에 들어가 남은 세제를 오염시킬 수 있다. 그 때문에 공기 중에서 세균을 죽이고 남은 세제의 부패를 방지할 방부제가 필요한데, 이들 방부제에서 방출되는 포름알데히드가 안성맞춤이다. 따라서 설거지용 세제에 포름알데히드를 첨가하는 것은 충분히 이해할 수 있는 조치이며, 멀쩡한 새우에 인산염을 먹이는 것처럼 불필요한 악행은 아니다.

그러나 포름알데히드는 '필요악'이 아니다

"포름알데히드도 박사님이 종종 말하는 '필요악'인가요?"

그렇지 않다. 생활용품에 사용하기에 포름알데히드의 독성은 너무 강하다. 사실 포름알데히드 방출제 대신에 다른 방부제를 사용하면 포름알데히드가 방출되는 문제를 막을 수 있다.

그렇다면 절반이나 되는 제조사는 왜 여전히 설거지용 세제에 포름알데히드 방출제를 첨가할까? 두 개의 큰 이유가 있다. 첫 번째는 원가와 방부 효과 때문이고, 두 번째는 포름알데히드 방출제가 합법적인 방부제이기 때문이다.

포름알데히드 방출제를 사용하는 것이 합법이고 방출

되는 포름알데히드의 양이 극소량이라도 난 이것을 필요악으로 보지 않는다. 대체할 수 있는 방부제가 많기 때문이다. 만약에 포름알데히드 방출제를 피하고 싶으면 설거지용 세제를 구매하기 전에 시간이 조금 걸리더라도 전성분표를 꼼꼼히 확인하시라. 그래야 포름알데히드로부터 내 몸을 건강하게 지킬 수 있다.

설거지용 세제에 포름알데히드가 있는지 어떻게 알까?

현재 사용 중인 설거지용 세제의 포장지를 확인해 보자. 전성분표에 쿼터늄-15, 디엠디엠하이단토인, 디아졸리디닐우레아 및 이미다졸리디닐우레아 등의 성분이 있으면 포름알데히드가 들어 있는 것이다.

이번 칼럼을 쓸 때 한 직원이 넌지시 물었다.

"박사님 댁은 어느 브랜드의 설거지용 세제를 쓰세요?"

옛날 사람처럼 보일 수 있는데, 사실 세제 대신 콩가루를 사용한다. 이유는 간단하다. 콩가루로 설거지하면 깨끗하게 헹구지 않았을 때 그릇에 콩가루가 남아 있는 모습이 보기는 안 좋지만 적어도 위험하지 않다.

물론 설거지용 세제를 사용하는 것이 더 편리하고 그릇도 더 깨끗하게 씻을 수 있다. 하지만 만에 하나 그릇에 남아 있을지도 모르는 '무시무시한 성분'을 내 배 속에 넣고 싶은 생각은 추호도 없다. 나는 내가 직접 선택한 단순하고 익숙한 물질을 사용해서 설거지하는 것이 더 마음이 놓인다.

44 레몬산, 오렌지 껍질 오일은 문제가 없을까?

해마다 연말이 되면 사무실은 으레 직원들이 공동 구매한 각양각색의 세정제로 넘쳐난다.

"이 세정제 정말 끝내줘요! 이것 한 병이면 주방 청소 끝이에요. 제가 작년에 직접 청소해 봐서 알아요. 변기도 얼마나 잘 닦이는지 몰라요."

"염산이 들어 있잖아요! 그것 말고 천연 레몬산이 들어간 세정제를 써 보세요."

"천연 레몬산은 뭐가 더 나아요? 그래 봤자 다 똑같은 산이겠죠."

"내 말을 못 믿나 본데, 박사님께 물어봅시다!"

그래서 내가 또 소환되었다! "천연 레몬산이 들어간 세정제는 친환경 제품이에요? 사용해도 문제없겠죠?"라는 직원들의 물음에 난 여느 때처럼 대답했다.

"그리 간단하게 대답할 수 있는 문제가 아니에요."

주방과 화장실은 가정에서 대청소가 필요한 대표적인 곳이다. 무수한 세정제가 이 두 곳을 정조준해서 만들어졌다. 그렇다면 세정 효과가 뛰어난 주방·화장실용 청소 세제는 일반 세제와 어떤 차이가 있을까? 사용할 때 어떤 점을 주의해야 할까?

세정제의 주인공은 단연 계면활성제이다. 하지만 어느 제품을 선택하든 반드시 고무장갑을 껴야 한다. 이 점을 강조하는 것은 정말로 중요하기 때문이다. 샴푸, 보디클렌저보다 화장실 청소 세제는 계면활성제의 농도가 매우 높고 그만큼 세정 효과가 더 강력해서 손에 묻었을 때 단순히 손을 씻는 정도로 간단하게 해결되지 않는다.

생각해 보시라. 주방의 기름때와 화장실의 곰팡이를 감쪽같이 없애는 세정력이면 피부를 얼마나 '깨끗하게' 씻어놓겠는가. 피부가 과도하게 씻기면 건조함, 부어오름, 붉어짐, 알레르기에 시달릴 수 있다. 따라서 세정력이 뛰어난 청소 제품으로 주방과 화장실을 청소할 땐 반드시 고무장갑을 껴야 한다!

계면활성제뿐 아니라 기타 성분도 주의가 필요하다

물론 계면활성제만으로 주방과 화장실의 찌든 때를 깨끗하게 제거할 수 없다. 청소 세제에는 산성·알칼리성 성분 및 유기용제 같은 다른 성분도 첨가된다.

산성 성분

주방·화장실용 청소 세제는 주로 염산, 인산 등과 같은 산성 성분이 첨가된다. 산성 성분은 주방과 화장실의 더러운 얼룩 및 수돗물의 미네랄 때문에 형성된 물때, 비누때, 소변 때를 제거하는 역할을 한다. 이 밖에 싱크대, 세면대, 변기의 막힌 배수관을 뚫는 제품은 오물을 뚫기 위해서 강한 산성 성분이 첨가된다.

알칼리성 성분

주방에 낀 기름때는 알칼리성 물질과 유지의 비누화 반응을 이용해서 쉽게 청소할 수 있다. 주방 청소 제품에 함유된 강한 알칼리성 성분은 기름때를 쉽게 제거할 수 있게 유지를 분해하는 역할을 하는데, 이것은 알칼리성 물질과 유지가 만났을 때 비누화 반응이 일어나며 비누가 만들어지는 원리와 같다. 베이킹소다(탄산수소나트륨)가 기름때를 잘 제거하는 것도 알칼리성 성분에 속하기 때문이다.

유기용제

주방 청소 세제에 함유된 알코올, 프로필렌글리콜 등과 같은 유기용제는 유지를 녹이는 것을 돕는다. 산성·알칼리성·휘발성 유기용제를 사용할 때 두통과 신체의 불편함을 겪지 않으려면 반드시 바람이 잘 통하는 곳에서 피부에 묻지 않게 주의해서 사용해야 한다.

천연 제품이 좋다?

"최근에 유행하는 오렌지 껍질 오일이나 레몬산이 첨가된 청소 세제는 어때요?"

사실 오렌지 껍질 오일이나 레몬산, 식초가 오염물을 제거하는 원리도 다른 성분과 크게 다르지 않다. 식초와 레몬산은 같은 산성류이고, 오렌지 껍질 오일은 리모넨이라는 유기용제가 함유돼 있다. 비록 이들 성분이 천연적이지만 어쨌든 오염물을 제거하는 산성 성분이고, 유기용제라서 반드시 고무장갑을 끼고 바람이 잘 통하는 곳에서 사용해야 한다. 과일에서 추출한 성분이라고 방심하면 안 된다. 이들 성분이 청소 세제에 함유된 양과 천연 상태의 과일에 함유된 양은 하늘과 땅만큼 큰 차이가 있다.

용도에 맞게 사용하는 것이 가장 중요하다

같은 실내라도 장소에 따라서 찌든 때의 종류가 다르다. 따라서 청소 세제를 선택할 때 용도에 맞게 사용하는 것이 중요하다. 요컨대 주방의 기름때를 제거하고 싶을 땐 주방용 청소 세제를 선택하고, 화장실의 물때와 소변 때를 제거하고 싶을 땐 화장실용 청소 세제를 선택해야 한다. 청소 세제 한 통으로 온 집안을 다 청소할 수 있다고 생각하면 결코 안 된다! 용도에 안 맞는 청소 세제를 선택했을 때 청소가 깨끗이 안 되는 정도로 끝나면 그나마 다행이다. 만에 하나 형편없는 세정력을 탓하며 사용량을 늘렸다간 온 집안이 강력한 세제에 오염되는 심각한 상황을 맞을 수 있다.

세제가
필요 없는
쓸수록 작아지는
수세미

사무실의 공동 구매는 '연중무휴'다. 옷, 가방, 신발부터 화장지, 간식까지 거의 주마다 새로운 쇼핑 아이템이 등장한다. 이번 주의 공동 구매 아이템은 '요술 수세미'이다.

"박사님, 이거 완전 물건이에요! 세제 없이 그냥 물만 묻혀서 설거지하면 돼요. 또 자체적으로 분해되는 기능이 있다나 어쨌다나, 여하튼 쓸수록 작아져서 쓰레기도 안 생겨요! 환경도 보호하고 사용하기도 편리하고, 정말 최고 아닌가요?"

직원들은 어떻게든 그들의 구매 대열에 나를 동참시키고 싶어 했다.

하! 제조사의 광고만 보면 참 편리한 제품이다. 하지만 그 이면에는 기뻐하는 직원들의 기분에 찬물을 끼얹는 꼴이 되어도 꼭 설명해 줘야 하는 점이 있다.

"마냥 좋아하기는 일러요. 요술 수세미는 사실 멜라민으로 만들었어요."

그렇다. 2008년에 중국 여행객들 사이에서 분유 사재기 광풍을 일으킨 '독 분유 사건'의 주인공인 멜라민이다.

요술 수세미로 어떻게 세제 없이 설거지를 할까?

멜라민^{melamine}은 유기 화합물의 일종으로, 멜라민수지$^{\text{melamine-formaldehyde resin}}$를 만드는 주원료 중의 하나이다.

"그렇게 나쁜 물질로 수세미를 만들다니, 어떻게 이럴 수 있죠?"

멜라민을 꼭 나쁜 물질이라고 단정 지을 수 없다. 칼럼에서 여러 번 강조한 것처럼 화학 물질의 어느 한 면만 보고 '완벽하다', '백해무익하다'라고 판단하면 안 된다. 멜라민을 나쁜 물질이라고 단정 지을 수 없는 몇 가지 증거가 있다.

확실히 멜라민은 독 분유 사건의 주범이다. 중국뿐 아니라 미국에서도 양심 불량 업자들이 애완동물 식품에 멜라민을 슬쩍 첨가해서 판매하다가 적발된 적이 있다. 멜라민은 즉각적으로 사망에 이르게 할 정도로 독성이 강하지 않다. 하지만 장기간 섭취하면 신장 결석, 신장 석회화, 신부전증 등의 신장 관련 질병에 걸릴 수 있으며, 어린아이의 경우는 생명에 위협을 받을 수 있다.

멜라민은 여느 화학 물질처럼 일상생활에서 자주 사용된다. 판재, 페인트, 몰딩 파우더, 종이 등은 물론이고 음식점에서 많이 쓰는 저렴한 가격의 그릇을 만들 때도 사용된다.

요술 수세미는 멜라민수지 폼을 이용해서 만든다. 물을 묻히면 거품이 잘 일어나고 적당히 뻣뻣한 것이 특징이다. 요술 수세미로 그릇의 표면을 살살 문지른 뒤에 물로 헹구면 음식물 때와 기름기가 싹 씻겨 나가는데, 물리적인 방식으로 음식물 때를 제거하는 것이라서 따로 설거지용 세제를 사용할 필요가 없다. 사용할수록 크기가 작아지는 것은 멜라민수지가 물에 잘 용해되기 때문이다.

요술 수세미를 사용할 때 주의할 점

어떤 엄마들은 설거지 후 그릇에 남은 세제 성분이 인체에 나쁜 영향을 줄까 봐 걱정되어 세제를 일절 사용하지 않는다. 그러고는 차선책으로 세제를 사용하지 않아도 설거지를 깨끗하게 할 수 있는 요술 수세미를 사용한다. 하지만 요술 수세미를 사용할 때, 남은 음식물을 더 효과적으로 제거하기 위해서 일부러 따뜻한 물로 그릇을 헹구는 것은 추천하지 않는다. 만에 하나 고온의 영향으로 요술 수세미에서 멜라민이 방출할 수 있기 때문이다.

따라서 요술 수세미를 사용할 때 헹굼 물은 따뜻한 물이 아니라 상온의 수돗물을 사용하는 것이 좋고, 냄비나 프라이팬은 다 식은 뒤에 닦는 것이 좋다. 깨끗하게 헹궈야하는 것은 기본이고, 요술 수세미로 과일이나 채소를 닦으면 안 된다.

어떤 사람들은 편리하다는 이유로 요술 수세미를 이용해서 메이크업을 지우고 세안까지 하는데, 제발 이러지 마시라! 요술 수세미의 미세하고 날카로운 섬유에 얼굴이 긁히면 잔상처가 나고 붉게 부어오를 수 있다.

먹으면 안 된다고 해서 사용하면 안 되는 것은 아니다

요술 수세미를 멜라민으로 만들었다는 설명에 직원들은 하마터면 '악마'의 수세미를 살 뻔했다는 듯이 모두 깜짝 놀란 표정을 지었다. 하지만 지나치게 걱정할 필요는 없다. 멜라민이 사람들에게 공포의 화학 물질로 각인된 것은 2008년에 중국에서 일어난 '독 분유 사건' 때문이다. 멜라민은 어떤 경우에도 음식물에 첨가하면 안 되지만 그렇다고 아예 사용하면 안 되는 것은 아니다. 성인의 경우에 대량으로 섭취하지 않는 이상 멜라민은 물만 마셔도 정상적으로 배출된다.

늘 하던 말로 이번 칼럼을 갈무리하고자 한다. 첫째, 독성은 양에 따라서 달라지므로 무조건 겁먹을 필요는 없다. 둘째, 요술 수세미의 사용 여부는 관련 지식을 이해한 뒤에 스스로 결정하면 된다. 천연, 무독성, 친환경을 추구하는 사람에게는 요술 수세미가 선택 범위에 들지 않겠지만, 세정 원리를 이해하고 정상적으로 사용하면 요술 수세미도 꽤 편리한 주방 도구이다.

46 | 알코올, 표백제, 광촉매 중
살균 효과가
가장
좋은 것은?

얼마 전부터 오전 9시에 회사에 출근하면 이상하게도 공기 중에 알코올 냄새가 났다.

"에이, 박사님. 누가 아침부터 술을 마셔요. 알코올로 소독해서 나는 냄새에요."

'신 사스^{SARS}'라고 불리는 메르스^{MERS}가 한국에서 발발한 소식이 연일 화제인 가운데 십여 년 전에 사스가 창궐했을 때의 모습들이 곳곳에서 하나둘 재현되고 있다. 사람들이 마스크를 착용하고 다니는가 하면 각종 모임이 취소되고, 손 소독제가 불티나게 팔린다. 더욱이 장내바이러스가 기승을 부리는 계절인지라 어린아이를 둔 부모들의 걱정은 이만저만이 아니다. 외출했을 때 옆 사람이 기침이라도 하면 행여 아이가 바이러스에 전염될까 봐 귀가하자마자 샤워부터 시키고, 알코올 소독제는 진즉에 생명을 보호하는 필수품이 되었다!

하지만 시중에서 판매하는 다양한 소독제들의 살균 효과와 차이점을 아는 사람은 그리 많지 않다.

"박사님, 비누로 손을 씻고도 손 소독제가 필요한가요?"

"박사님, TV 프로그램에서 알코올보다 표백제의 소독 효과가 더 좋다던데, 사실이에요?"

"박사님, 광촉매가 세균을 99.9% 제거한다는 광고를 봤는데요. 광촉매를 사용하면 메르스에 안 걸리나요?"

후유⋯. 각종 소독제의 효능은 '99.5%의 살균 효과', '99.9%의 살균 효과'와 같은 말로 간단하게 비교할 수 없다. 소독제마다 대응하는 세균도 다르고 사용하는 장소도 다르다. 의학은 내 전문 영역이 아니라서 이들 소독제를 사용할 때 얼마나 안심할 수 있는지 의학적으로 설명해 줄 수 없다. 하지만 화학적으로 설명하는 것은 가능하지 않은가. 장소에 맞는 살균제를 선택하고 바이러스와 세균의 공격으로부터 자신을 건강하게 지킬 수 있게 지금부터 각종 소독제의 살균 원리와 살균 효과에 관한 화학 지식을 공유하고자 한다.

알코올 : 노로바이러스와 장내바이러스는 제거하지 못한다

알코올은 가장 실용적이고 편리한 살균제이다. 주사를 놓고 피를 뽑을 때도 알코올 솜으로 소독하고, 음식점과 병원은 사람들이 손을 깨끗이 소독하도록 70~75% 농도의 알코올을 입구에 배치한다. 어린 아이와 함께 외출할 때 많은 부모가 가방에 한 통씩 챙겨 넣는 겔 형태의 손 소독제도 알코올을 이용한 제품이다.

70~75% 농도의 알코올은 세균의 내부에 깊숙이 침투해 세포를 탈수시키는 동시에 단백질을 응고시키는 방식으로 세균을 죽인다.

"박사님, 95% 농도의 알코올을 사용하면 효과가 더 좋겠네요?"

큰 착각이다. 95%는 지나치게 높은 농도라서 알코올이 세균의 내부에 깊숙이 침투하기도 전에 세균의 막이 순식간에 응고되어 살균 효과가 지속적으로 일어나지 않는다. 알코올의 농도가 지나치게 낮아도 세균을 탈수시킬 수 없어 기대하는 살균 효과를 얻을 수 없다. 알코올의 농도는 70~75%가 가장 적당하다. "박사님, 장내바이러스를 죽이기 위해서 술을 좀 마셨습니다"라는 말도 틀린 말인데, 첫 번째로 알코올의 농도가 지나치게 낮고 두 번째로 알코올은 바이러스를 죽이는 '재주'가 별로 없다.

"네? 방금 알코올은 세균을 잘 죽인다면서요!"

그렇다. 알코올의 살균 효과는 매우 뛰어나다. 하지만 바이러스를 죽이는 효과는 '글쎄올시다'이다. 알코올은 바이러스에 지질막이 없거나 막이 두꺼우면 내부로 뚫고 들어가지 못한다. 부모들이 가장 두려워하는 장내바이러스와 노로바이러스는 알코올로 제거할 수 없는 대표적인 바이러스들이다!

표백제 : 세균과 바이러스를 효과적으로 제거하지만 신체에 직접적으로 사용하면 안 된다

노로바이러스, 장내바이러스와 같은 바이러스는 지질막이 없어서 알코올로 제거할 수 없다. 하지만 차아염소산염을 함유한 표백제는 가능하다.

차아염소산염은 강력한 효과가 있는 산화제의 일종이다. 표백제가 헌 옷을 감쪽같이 새하얗게 만드는 것도 차아염소산염이 찌든 때를 직접적으로 산화시키기 때문이다. 염소 계열의 표백제는 세균과 바이러스의 단백질을 직접적으로 산화시키고 분해하는 방식으로 세균과 바이러스를 제거하며, 100배 희석해서 사용해야 한다. 단, 과산화수소가 주요 성분인 표백제는 세균과 바이러스를 제거하는 효과가 없다.

특별히 주의할 점은 표백제는 알코올처럼 안전한 화학

물질이 아니고 인체의 피부와 점막을 자극하므로 장시간 접촉하면 안 된다. 따라서 희석한 표백제는 주변 환경을 소독할 때만 사용하고 손 소독제로 사용하면 절대 안된다.

시중에서 판매하는 '미微산성 차아염소산 소독제'의 소독 원리는 표백제와 같다. 하지만 이론적으로 차아염소산은 단 몇 초 만에 세균을 제거하고 스스로 분해되어 물이 된다. 따라서 먹어도 상관없고 피부, 식기, 음식물에 직접 사용해도 괜찮다.

효과는 강력하지만, 인체에 무해하고 자극적이지 않은 소독제가 있으면 얼마나 좋을까? 하지만 세상에 이런 소독제는 없다! 차아염소산은 산화가 지나치게 일어나는 것이 장점이자 단점이다. 산화가 지나치게 일어나는 탓에 매우 불안정하고 내구성이 강하지 않기 때문이다. 차아염소산 소독제는 큰 통에 든 것을 사서 몇 개월씩 두고 사용할 필요가 없는데, 진즉에 산화가 일어나서 기대하는 살균 효과를 얻을 수 없기 때문이다. 따라서 창고에 쌓아 두지 말고 필요할 때마다 새것으로 사용해야 한다.

광촉매 : 햇볕을 쏘이면 곰팡이 포자까지 제거할 수 있다

이것으로 과연 소독이 될까, 하고 의심이 드는 소독제가 있다. 광촉매가 그것이다. 광고 내용이 사실이라면 얼마나 신기한가? 분무식 광촉매를 몇 번 쓱 뿌리고 형광등을 켜서 빛을 쏘이면 세균이 박멸하고, 광촉매 탈취 시스템이 내장된 냉장고는 왠지 음식물을 영구히 보존할 것 같은 기대감마저 들게 한다.

하지만 안타깝게도 세상에 이렇게 완벽한 화학 물질은 존재하지 않는다. 광촉매는 빛 에너지를 흡수해서 유기물을 분해하는 원리로 세균을 제거한다. 가장 대표적인 광촉매는 티타니아이다. 확실히 광촉매는 세균과 바이러스 같은 병원체와 포자를 강력하게 분해하는 능력이 있다. 따라서 이론적으로 살균, 탈취, 곰팡이 방지가 가능하다.

하지만 중요한 전제 조건이 있다. 반드시 빛이 있어야 한다. 그것도 388nm(나노미터) 이하의 파장을 가진 강한 빛이 필요하다.

"박사님, 388nm의 빛은 어떤 색이에요?"

"글쎄요. 나도 본 적이 없어서 모르겠네요."

"뭐라고요?"

사실이다. 파장이 400nm 이하인 빛을 사람들은 자외선이라고 부른다. 파장이 388nm 이하이면 가시광선이 아니라 자외선인데, 눈에 보이지도 않는 빛이 어떤 색인지 무슨 수로 알겠는가?

일반적으로 가정용 조명은 자외선이 아니다. 태양광에서 자외선이 차지하는 비율은 단 5%에 불과하다. 따라서 분무식 광촉매를 뿌린 뒤에 햇볕을 쏘이거나 자외선램프를 켜지 않으면 살균 효과를 얻을 수 없다.

광촉매의 살균 효과는 장시간 햇볕이 드는 곳이나 공기 청정기처럼 실내에 자외선램프가 설치된 곳에서 발휘된다. 이 밖에 병원의 일부 공간처럼 원래부터 자외선 살균기가 설치된 곳에서 광촉매는 더 강력한 살균 효과를 발휘한다. 하지만 분무식 광촉매를 구입한 뒤에 집안 곳곳이나 마스크에 뿌리기만 해서는 진짜로 살균 효과가 없다.

아직 가시광선에 반응하는 광촉매는 연구 개발하는 단계에 있다. 상업적으로 활용된 예는 그리 많지 않으므로 다른 방법을 통해서 건강을 지키는 수밖에 없다!

간편한 방법은 없을까?

"한번 소독하면 효과가 영원히 지속되는 방법은 없나요? 세균 걱정 없이 살고 싶어요."

한마디로 말하면 없다. 하지만 세균으로부터 자신을 건강하게 지키는 방법은 생각처럼 복잡하지 않다. 가장 간단하면서도 실용적인 방법은 손을 잘 씻는 것이다. 비누로 손을 씻으면 알코올로 소독한 것 이상의 효과를 얻을 수 있다.

최근에 인터넷에서 살균제 광고와 질병 관련 정보가 눈에 띄게 늘었다. 어린 자녀를 둔 부모들이여, 혹시 마음이 놓이지 않으면 의사와 상담하거나 질병관리본부 홈페이지를 방문해서 전염병을 예방하는 최신 방법을 참고하시라. 이것이 걱정을 덜 가장 간단한 방법이다.

세균과 바이러스를 제거하기 위해서 살균제를 뿌리는 것만이 능사가 아니다. 반드시 위생적인 생활 습관을 들여야 질병을 예방할 수 있다.

47

쿨링 의류는
에어컨이 있는
실내에서만
시원하다?

예전에 대형 마트의 의류 판매대에서 어느 젊은 부부가 쿨링 의류를 놓고 티격태격하는 모습을 목격했다.

"어머, 쿨링 의류 세일하네!"

"쿨링은 무슨, 별로 시원하지도 않더라."

"무슨 말이야? 사무실에서 입고 있으면 얼마나 시원한데."

"사무실에 있으니 시원하겠지. 에어컨이 빵빵하게 돌아가니까. 아침부터 저녁까지 뙤약볕에서 일해 봐. 얼마나 덥고 땀이 나는지 당신이 알아?"

부부간에 다정하게 대화하는 것이 그렇게 어려울까? 나도 부부 전문가는 아니라서 어떻게 하면 배우자와 잘 소통할 수 있는지 모르겠다. 그날의 젊은 부부가 화해하길 바라는 마음에서 과학 상식으로 부부의 궁금증을 풀어보고자 한다.

먼저 쿨링 의류의 원리부터 알아보자.

쿨링 의류는 왜 시원할까?

쿨링 의류를 입었을 때 시원함을 느끼게 하는 원리는 크게 두 가지이다. 첫 번째는 바람이 잘 통해서 땀을 잘 마르게 하는 것이고, 두 번째는 열전도 속도를 높이는 것이다.

바람을 잘 통하게 해서 땀 배출을 돕는다는 말은 쉽게 이해가 될 것이다. 섬유 기술이 발달하면서 섬유의 질과 섬유를 짜는 방식이 많이 개선되었다. 그 결과 바람이 잘 통하고 땀이 잘 마르는 옷이 탄생했다. 쿨링 의류를 입으면 땀이 마를 때 열도 같이 식어서 시원하다.

열전도 속도를 높인다는 말은 설명이 조금 필요하다. 여름에 타일 바닥에 서 있으면 시원하지만, 카펫이나 나무 바닥에 서 있으면 덥다. 왜일까? 타일은 열전도 속도가 빨라서 피부와 접촉했을 때 빠른 속도로 피부의 열을 식혀 시원한 효과를 낸다.

쿨링 의류는 이 원리를 이용해서 섬유 조직에 광석의 분말을 첨가한다. 광석은 열전도 속도가 빨라서 똑같은 실온에서도 더 시원한 느낌을 주는데, 특히 에어컨이 작동하는 환경에서 더더욱 효과가 좋다. 따라서 에어컨이 돌아가는 실내에서 쿨링 의류를 입으면 에어컨 설정 온도보다 더 시원할 수 있다.

쿨링 의류는 실외에서도 시원할까?

"에어컨을 켜면 원래 시원하잖아요. 뙤약볕에서도 시원해야 진짜 시원한 거죠!"

앞에서 광석 분말은 열전도 속도가 빠르다고 설명했다. 이것은 곧 햇볕이 쨍쨍 내리쬐는 곳에 있으면 광석 분말의 온도가 기온과 비슷한 수준으로 빠르게 상승해서 '쿨링' 효과를 얻을 수 없음을 의미한다. 하지만 이럴 때 빛을 발하는 기능이 있으니, 바로 통풍과 땀 건조 기능이다. 이 때문에 더운 곳에 있어도 일단 바람이 불면 시원해진다.

"한낮에 기온이 38도까지 올라가고 바람도 안 불면 어떻게 해요?"

그럴 땐 빨리 그늘을 찾아야 한다. 쿨링 의류는 냉방장치가 아니다. 바람이 불지 않는 고온의 환경에서 쿨링 의류는 무용지물이다.

쿨링 의류는 에어컨이 돌아가는 실내에서만 효과가 있다?

요즘 유행하는 쿨링 의류는 대부분 빠른 열전도 속도 및 통풍과 땀 건조 기능이 결합되어 시너지 효과를 낸다. 일부는 자외선 차단 효과까지 얻을 수 있다. 섬유는 에어컨이 아니라서 자체적으로 온도를 낮추지 못하지만, 상대적으로 시원한 느낌을 준다. 따라서 쿨링 의류는 제조사가 돈을 벌기 위해서 이름만 그럴듯하게 지은 거라고 오해하면 안 된다.

"하지만 박사님, 에어컨이 켜진 실내에서만 쿨링 효과가 있으면 굳이 입을 필요가 있을까요?"

좋은 질문이다! 한번 거꾸로 생각해 보자. 한여름에 에어컨 온도를 25도까지 낮춰야 시원할 때, 쿨링 의류를 입으면 27도에서도 시원함을 느낄 수 있다. 에어컨을 덜 돌리면 그만큼 탄소 배출을 줄일 수 있으니 좋지 않은가?

48

헤파를
정확하게
사용하는
방법

어느 날 직원이 불쑥 물었다.

"박사님, 헤파 필터가 뭐예요? 예전에 공기 청정기용 필터에 'HEPA'라고 고급스럽게 인쇄된 것을 본 적이 있는데, 최근에 진공청소기를 사러 갔더니 진공청소기에도 'HEPA'라고 쓰여 있더라고요. 또 99.95% 효율이네, 99.97% 효율이네, 등급이 여러 개로 나뉜 것 같은데 도대체 이게 무슨 의미인지 모르겠어요. 일반 가정에서는 어떤 등급의 헤파 필터를 사용하면 될까요?"

직원은 눈을 말똥말똥 뜬 채 도무지 모르겠다는 표정을 지었다. 최근에 공기 오염 문제가 이슈가 된 뒤에 헤파는 반드시 구매해야 하는 필수 필터가 되었다. 헤파 선풍기, 헤파 진공청소기, 헤파 공기 청정기 등 내가 전자 제품 매장에서 직접 본 헤파 필터를 장착한 전자 제품만 해도 한둘이 아니다. 하지만 어느 직원도 내게 헤파가 무엇인지 설명해 주지 않았다. 헤파는 그저 마케팅 용어일까?

헤파는 '필터'의 일종이 아니라 '기준치'의 일종이다

많은 사람은 헤파를 특정 재질로 만들어진 필터라고 생각하지만 사실은 그렇지 않다. 헤파는 모종의 기준치에 부합하는 필터라고 보는 것이 더 합당하다. 미국 에너지부는 0.3µm(마이크로 미터) 크기의 부유 입자를 99.7%가량 제거하는 필터를 헤파 필터high-efficiency particulate air filter라고 정의한다. 종이 재질의 필터이건 부직포 재질의 필터이건 유리 섬유 재질의 필터이건 미세먼지를 제거하는 효율이 기준치에 맞으면 모두 헤파라고 부른다.

미국 에너지부가 정의한 헤파 등급

헤파의 등급은 국제 기준으로 여겨지는 미국이 정한 기준치와 유럽 연합이 제정한 기준치로 나누어 살펴볼 필요가 있다. 예를 들어 'HEPA-type', 'HEPA-like', '99% HEPA'는 유럽 연합의 최저 기준치에 부합하는 필터, 즉 EPA이다. 아래의 참고 자료에서 알 수 있는 것처럼 유럽 연합의 기준치에서 E10~E12와 H13~H14에 해당하는 등급을 각각 EPA, HEPA라고 부른다. 비록 EPA의 미세먼지 제거 효율은 HEPA에 근접하지만 약간의 차이가 있으므로 구매할 때 주의가 필요하다.

등급	미국의 기준치 (IEST)	미세먼지 제거 효율
HEPA	Type A	$0.3\mu m$ 크기의 입자를 99.7%가량 제거
	Type C	$0.3\mu m$ 크기의 입자를 99.99%가량 제거
	Type D	$0.3\mu m$ 크기의 입자를 99.999%가량 제거
	Type F	$0.1\sim0.2\mu m$ 크기의 입자를 99.7%가량 제거

등급	유럽 연합의 기준치 (EN1822)	$0.3\mu m$ 크기의 입자를 제거하는 효율
EPA	E10	85%
	E11	95%
	E12	99.5%
HEPA	H13	99.95%
	H14	99.995%
ULPA	U15	99.9995%
	U16	99.99995%
	U17	99.999995%

일반 가정에서는 어떤 등급을 선택해야 할까?

이렇게 다양한 종류의 헤파 중에서 가정용 헤파로 어느 것을 선택해야 할까? 어느 등급이면 충분할까?

요즘 많은 가정에서 폐부 깊숙이 침투해 폐의 기능을 망가트리는 미세먼지, 알레르기를 유발하는 진드기와 꽃가루, 질병을 일으키는 세균 등 공기 중에 떠도는 인체에 해로운 물질을 제거하기 위해서 공기 청정기를 사용한다. 확실히 필터를 사용하면 공기 중에 떠다니는 부유 입자를 제거할 수 있다.

초미세먼지의 직경은 2.5µm이고 진드기의 크기는 약 200~500µm이다. 헤파는 0.3µm보다 큰 물질을 제거하므로 초미세먼지와 진드기를 거뜬히 제거할 수 있다. 또한 꽃가루의 직경은 20~50µm이고 세균의 크기는 0.3~10µm라서 헤파 필터로 대부분의 오염원을 제거할 수 있다.

쉽게 설명해서 헤파 필터이기만 하면 가정에서 어느 등급을 사용하든 큰 차이가 없다. 하지만 유독 바이러스 앞에서는 속수무책인데, 바이러스의 크기는 0.001µm라서 헤파 필터로 제거할 수 없다.

헤파 등급이 높다고 꼭 좋은 것은 아니다

가정에서 깨끗한 공기를 마시고 싶을 때 가장 중요한 것은 청정 공기 공급률인 CADR$^{\text{Clean Air Delivery Rate}}$이다. CADR을 한마디로 표현하면 환기율이다. 5m 높이를 가진 5평 규모의 공간으로 예를 들 때 CADR이 60ft3/min이면 시간당 한 번씩 환기하는 효과를 얻을 수 있고, 300ft3/min이면 시간당 대여섯 번 환기하는 효과를 얻을 수 있다. 이것을 참고해서 각 가정에서 필요한 CADR을 유추하면 된다.

어떤 엄마들은 가족의 건강을 지나치게 걱정하는 나머지 부유 입자를 많이 제거하는 공기 청정기를 최고로 친다. 그래서 무균실에서 전문적으로 사용하는 HEPA보다 더 강력한 0.009μm의 입자를 99.99%가량 제거하는 ULPA를 사용하고 싶어 한다. 한데 일반 가정에서 ULPA를 사용하는 것이 적절할까?

환기율을 생각해 보자! ULPA처럼 미세한 필터로 시간당 대여섯 번의 환기 효과를 얻는 것은 불가능하다. 일반 가정에서는 HEPA를 사용해도 충분하다.

HEPA를 정확하게 사용하려면

헤파 필터를 사용할 때 첫 번째로 중요한 사항은 반드시 제때 교체하는 것이다. 헤파는 세균, 진드기 등을 제거하지만, 죽이지는 않기 때문에 반드시 정기적으로 교체해야 한다. 특히 고온 고습한 환경에서 헤파 필터를 교체하지 않고 오랫동안 사용하면 헤파 필터가 되레 세균이 번식하는 온상이 된다.

두 번째로 중요한 사항은 프리필터^{prefilter}를 사용하는 것이다. 헤파 공기 청정기의 바깥쪽에는 헤파 필터보다 조금 덜 촘촘한 프리필터가 있다. 프리필터를 자주 청소하고 정기적으로 교체하면 안쪽에 있는 비싼 헤파 필터를 더 오랫동안 효과적으로 사용할 수 있다. 먼지, 진드기와 같은 큰 입자는 굳이 헤파 필터가 수고하지 않아도 프리필터로 제거할 수 있다!

또 한 가지 중요한 점은 공기 청정의 효과를 제대로 보려면 공기 청정기를 한두 시간만 작동시키는 것이 아니라 연속해서 10시간을 틀어야 한다. 또한 실내를 청결하게 유지해야 하는데, 공기 청정기의 필터는 공기 중의 먼지와 세균은 거르지만 가구와 바닥에 수북이 쌓인 먼지는 제거하지 못한다. 따라서 청소할 때 공기 청정기는 물론이고 그 주변까지 깨끗하게 청소해야 한다.

마지막으로 가장 중요한 점은 공기 청정기를 틀었다고 해서 24시간 내내 창문을 닫고 생활하면 안 된다. 공기가 통하지 않으면 이산화탄소의 농도가 지나치게 높아져 건강에 해롭다.

지식은 자신을 가장 효과적으로 보호하는 힘이다. 일상생활·공공 안전 문제로부터 자신을 잘 보호하려면 사람들의 말에 휘둘리지 말고 지식을 바탕으로 이성적으로 판단해야 한다.

화학 물질이 인체에 미치는 독성은 두 가지의 서로 다른 양상으로 나타난다. 첫 번째 양상은 하루 미만의 짧은 시간 내에 곧바로 독성이 나타나는 경우이다. 전문적으로는 이를 급성 독성이라고 일컫는다.

사실상 이 세상에 존재하는 모든 물질은 예외 없이 어느 한계치 이상의 많은 양을 인체에 노출시키면 반드시 급성 독성을 나타낸다. 다만, 대부분의 물질은 독성을 나타내는 한계치가 매우 높아서 급성 독성을 나타낼 만큼의 충분한 양에 우리 인체가 노출될 일이 거의 없을 뿐이다.

이 독성의 한계치가 낮아서 아주 조금의 양으로도 급성 독성을 나타내는 물질을 우리는 유해성 물질로 분류한다. 이들에 대한 유해성 정보는 소비자들에게 반드시 알려야 하기 때문에 우리들이 일상적으로 사용하는 제품의 제조에는 이들 유해성 물질이 사용되는 경우가 거의 없다.

반대로 독성의 한계치가 높아서 상당한 양에 노출되더라도 급성 독성을 나타내지 않는 대부분의 물질을 우리는 무해한 물질로 분류한다. 소위 안전한 물질이다.

그러나 이러한 안전한 물질도 장기간 지속적으로 노출되면 결국에는 독성을 나타낸다. 바로 독성이 나타나는 두 번째의 양상이다. 이처럼 오랜 시간이 지나서야 뒤늦게 나타나는 독성을 전문적으로는 만성 독성이라고 한다.

어떤 물질이건 우리 인체에서 완전히 빠져나가는 데에는 시간이 소요되기 마련이다. 그러다 보니 우리 인체가 어떤 특정한 물질에 장기간 그것도 지속적으로 노출되면 우리 몸에는 미처 빠져나가지 못한 물질이 서서히 쌓이게 된다. 그렇게 몸 안에 축적된 양이 계속 늘어나다 보면 아무리 무해한 물질이라도 결국에는 독성이 한계치에 도달하여 만성 독성을 나타내는 것이다.

기억해야 할 것은 우리가 안전하다고 여기는 물질이라도 장기간에 걸쳐서 지속적으로 인체에 노출시키면 결국에 가서는 만성 독성을 나타낸다는 사실이다.

우리는 일상을 살아가면서 무수히 많은 화학 물질과 함께한다. 그런데 이들 대부분은 급성 독성을 나타내지 않기 때문에 무해한 것으로 분류된 소위 안전한 물질들이다.

우리는 흔히 이들 무해한 물질을 사용하는 것은 안전하다고 여기기 때문에 장기간 지속적으로 이들에 노출되는 것을 대수롭지 않게 여기는 경향이 있다. 그러다 보니 만성 독성은 놀랍게도 우리가 일상적으로 안심하고 사용하는 무해한 물질에 의해서 나타나는 경우가 많다.

그런데 급성 독성과는 달리 만성 독성은 정확한 수치로 계량하거나 표준화하는 것이 거의 불가능하다. 신체 조건, 건강 상태, 노출 기간과 빈도수, 함께 노출된 다른 물질과의 상호 작용 등 각 개인에 따라서 달라지는 복합적인 조건들에 의해서 만성 독성은 천차만별의 다양한 양상으로 드러나기 때문이다.

그러다 보니 무해하고 안전하다고 여겨지는 물질들에 의해서 나타날 수 있는 만성 독성에 대한 정보는 이곳저곳 어디를 들여다보아도 여간해서 찾아보기가 힘들다.

게다가 그러한 정보를 제공해야 할 전문가들도 만성 독성의 위험성을 논하는 것에 대하여 상당히 조심스러울 수밖에 없다. 대부분의 물질이 우리가 일상적으로 사용하는 제품의 생산과 밀접하게 연관되어 있다가 보니 이들에 의해 나타나는 만성 독성에 대한 논란이 자칫하면 생산자

와의 법적 분쟁으로 발전할 수 있기 때문이다. 이러한 현실적인 문제 때문에 안전한 물질에 의해서 나타날 수 있는 만성 독성에 관한 한 우리 일반인들은 사실상 유용한 정보로부터 차단된 무지의 상태에 놓여 있다고 해도 과언이 아니다.

그러다 보니 대체로 사람들은 화학 물질 전반에 대해 그저 막연한 두려움에 휩싸이게 된다. 불안감에 짓눌린 소비자들은 떠도는 근거 없는 거짓 정보에 불필요한 과잉 반응을 보이거나 이러한 상황을 착취적으로 이용하려는 생산자들의 교묘한 술책에 말려들기 십상이다. 한마디로 오늘날의 소비자들은 안전한 물질들에 의해 나타날 수 있는 만성 독성에 대한 정확하고 유용한 정보에 목말라 있다.

막연한 두려움과 불안감에 휩싸여 있는 소비자들에게 이 책은 마치 한 잔의 시원한 냉수와 같은 유용한 정보를 안겨 준다. 더구나 저자가 다루고 있는 화학 물질들은 우리의 일상생활 속에서 거의 매일 함께할 수밖에 없는 것들이다.

우리의 생활 공간을 가득 메우고 있는 그 수많은 화학 물질 중에서 당장 맞닥뜨리지 않을 수 없는 몇 가지에 대해서 만이라도 정확하고 유용한 정보를 알게 되면 소비자들은 아마도 만성 독성에 대한 막연한 두려움에서 벗어나 상당한 마음의 여유와 평화를 얻게 될 것이다. 이 책의 독자들은 그동안 알 수 없는 그 무엇인가가 걸려서 불편했던 속이 뻥 뚫리면서 시원해지는 것을 느끼지 않을까 싶다.

박동곤, 숙명여자대학교 화학과 교수

옮긴이 김락준

중국어 출판서적 전문 번역가로 충북대학교 중어중문학과를 졸업하고, 베이징공업대학과 상하이재경대학에서 수학했다. 현재 출판 번역 에이전시 베네트랜스에서 전속 번역가로 활동 중이다. 옮긴 책으로 『아이의 마음을 읽는 연습 관계편』, 『아이의 마음을 읽는 연습 학습편』, 『온라인, 다음 혁명』, 『돈은 잠들지 않는다』, 『탐정 혹은 살인자』, 『완벽하지 않은 것이 더 아름답다』, 『여행이 나에게 가르쳐준 것들』, 『하버드 말하기 수업』, 『화폐경제 2』, 『화폐경제 1』, 『권력이 묻거든 모략으로 답하라』 등이 있다.

화학, 알아두면 사는 데 도움이 됩니다

초판 1쇄 발행일 2019년 3월 25일
초판 7쇄 발행일 2022년 2월 28일

지은이 씨에지에양
옮긴이 김락준
감수 박동곤

발행인 박헌용, 윤호권
발행처 ㈜시공사 **주소** 서울시 성동구 상원1길 22, 6-8층(우편번호 04779)
대표전화 02-3486-6877 **팩스(주문)** 02-585-1247
홈페이지 www.sigongsa.com / www.sigongjunior.com

*시공사는 시공간을 넘는 무한한 콘텐츠 세상을 만듭니다.
*지식너머는 시공사의 브랜드입니다.
*시공사는 더 나은 내일을 함께 만들 여러분의 소중한 의견을 기다립니다.
*잘못 만들어진 책은 구입하신 곳에서 바꾸어 드립니다.